ARCHITEKT
UND
ZENTRALHEIZUNGEN

VON

GEORG RECKNAGEL

REGIERUNGSBAUMEISTER

2. AUFLAGE

VON

„WAS MUSS DER ARCHITEKT UND BAUMEISTER
ÜBER ZENTRALHEIZUNGEN WISSEN?"

MÜNCHEN UND BERLIN 1929
VERLAG VON R. OLDENBOURG

Vorwort.

Die erste Auflage dieses kleinen Werkes wurde von Herrn Dipl.-Ing. Hermann Recknagel verfaßt und erschien im Jahre 1910 unter dem Titel „Was muß der Architekt und Baumeister über Zentralheizungen wissen?" Es war die Absicht des Verfassers, dem Architekten alle Gesichtspunkte systematisch vor Augen zu führen, die er beachten muß, um nach den Erfahrungen des Fachmannes zu einer einwandfreien Zentralheizungsanlage zu gelangen.

Heute erhält der Studierende des Baufaches vielfach eingehendere theoretische Kenntnisse über das moderne Heizungs- und Lüftungswesen. Mit zunehmendem Verständnis für die Wichtigkeit dieses Gebietes wächst bei dem Architekten die Verantwortung und der Wunsch nach richtiger Anwendung in der Praxis. Das vorliegende Buch in seiner kurzen nach Übersichtlichkeit strebenden Fassung dürfte daher nach wie vor willkommen sein.

Als Sohn des Verfassers habe ich die zweite Auflage bearbeitet unter Einschaltung neuer Erfahrungen und Berücksichtigung technischer Fortschritte. Insbesonders hielt ich es für erforderlich, die Luftheizung und Großraumheizung eingehender zu behandeln und mehr wie bisher auf das Lüftungswesen überzuleiten.

München, April 1929.

Georg Recknagel.

Inhalt.

Einleitung.

Die Gesundheitstechnik nimmt immer stärkeren Einfluß auf das Wohnungswesen, und ihre hygienischen und wirtschaftlichen Errungenschaften charakterisieren den modernen Bau. Insbesonders hat sich die Zentralheizung als selbständige Ingenieurwissenschaft so unentbehrlich gemacht, daß der Architekt mit ihrem Wesen und ihren verschiedenartigen Möglichkeiten bestens vertraut sein muß. Damit soll keinesfalls gesagt sein, daß er auf dem Spezialgebiet des Ingenieurs gleichzeitig Fachmann sein soll. Seine Aufgabe liegt vielmehr darin, sich eine kritische Urteilsfähigkeit anzueignen. — Es muß unumstritten bleiben, daß der Architekt die Gesamtverantwortung des Baues behält und alle anderen Fachgebiete sich einzuordnen haben. Daraus erwächst ihm aber auch die Pflicht, bei seinen Entscheidungen und Forderungen den Belangen der Technik gerecht zu werden und ein Förderer des technischen Fortschrittes zu sein.

In der Heizungsindustrie hört man immer wieder den berechtigten Wunsch nach verständnisvoller Fühlungnahme zwischen Architekten und Heizungstechnikern. Es liegt nicht im Interesse der Sache, daß der Ingenieur jeweils vor vollendete Tatsachen und erschwerte Probleme gestellt wird, die vielleicht gerade noch lösbar sind; vielmehr sollte von Anbeginn eine Grundlage angestrebt werden, um auf wirtschaftlichste Weise die höchste technische Leistung zu erzielen. Unter diesem Gesichtspunkt sollen hier die für den Architekten in der Praxis einschlägigen Fragen in gleicher Reihenfolge entwickelt werden, wie sie dem Werdegang einer Zentralheizungsanlage entsprechen.

Zunächst ist zu überlegen: Ist Zentralheizung vorteilhaft und welche Art von Zentralheizung ist zu wählen?

Zur Erlangung von Spezialentwürfen muß eine Ausschreibung der Heizung erfolgen; welche Unterlagen sind hierfür erforderlich?

Die einlaufenden Entwürfe und Kostenanschläge sind zu prüfen; nach welchen Richtlinien hat eine sachgemäße Prüfung von Zentralheizungsprojekten zu erfolgen?

Die Heizungsanlage ist in den Bauplänen zu berücksichtigen; welche baulichen Arbeiten kommen dabei in Frage?

Die Ausführung bzw. Montage der Heizungsanlage hat zu beginnen; in welchem baulichen Zustande können die Montagearbeiten angefangen werden und welche Zeitdauer benötigen sie?

Die fertige Anlage ist abzunehmen; worauf hat sich die Prüfung der Heizung vor der Abnahme zu erstrecken?

Die Heizeinrichtung ist mit der Innenarchitektur in Einklang zu bringen; was ist bei gewünschter Verkleidung der Heizkörper und Rohrleitungen besonders zu beachten?

Die Garantie der Heizungsfirma ist zu erfüllen; wie muß eine Heizprobe durchgeführt werden?

Wahl des Heizsystems.

Der Architekt und Baumeister muß zunächst als Berater des Bauherrn wissen, welche Vorteile eine Zentralheizung für sein Bauobjekt bietet und welches System er in den einzelnen Fällen in Vorschlag zu bringen hat.

Die Anlage einer Zentralheizung ist teurer als Ofenheizung, also müssen die Mehrkosten durch besondere Vorzüge gerechtfertigt sein. Bei allen Arten von Zentralheizung wird die gesamte benötigte Wärmemenge an einer Zentrale in besonders eingerichteten Kesselanlagen erzeugt und durch das Heizmittel Wasser, Dampf oder Luft nach den zu erwärmenden Räumen gebracht. Demzufolge kann die Feuerbedienung auf eine einzige Stelle beschränkt werden. Heizmaterial- und Aschentransporte in den Wohnräumen kommen also in Wegfall und alle mit dem Anschüren von Zimmeröfen verbundenen unhygienischen Erscheinungen, wie Staub-, Geruch- und Geräuschentwicklung. Die Feuersgefahr verringert sich, was weiterhin eine günstige Rückwirkung auf evtl. Versicherungsprämien haben kann. Gegenüber Öfen, die in ihrer Aufstellung an Kamine, also zumeist an Innenmauern gebunden sind, kann bei Zentralheizung für die Heizkörper der Platz so im Raum gewählt werden, wie er nach heizungstechnischen Gesichtspunkten am zweckmäßigsten ist. Die Heizkörper sind größtenteils als Radiatoren ausgebildet und erfordern einen nur geringen Platzbedarf. Auf diese Weise können sie bequem in Fensternischen untergebracht werden, und die bei Zimmeröfen fast nie zu umgehenden Zugerscheinungen an den Fensterplätzen werden vermieden. Es bestehen keine Schwierigkeiten, auch Treppenhäuser, Nebenräume, Aborte, Küchen usw. an die Heizung anzuschließen. Besondere Vorteile ergeben sich in Verbindung mit Lüftungs- und Warmwasserversorgungsanlagen.

Als Nachteil der Zentralheizung muß in Betracht gezogen werden, daß Defekte an der Zentrale gelegentlich den Heizbetrieb des Hauses vollständig unterbrechen können. Auch in den Übergangszeiten und bei plötzlichem Einsetzen kälterer Witterung ist die Inbetriebnahme der Zentralheizung meistens etwas umständlich. Es empfiehlt sich daher, in Miethäusern und Villen wenigstens ein Zimmer auch mit Ofenheizung, Gas- oder elektrischer Heizung zu versehen.

Ausschlaggebend für die Einrichtung von Zentralheizungsanlagen soll es für den Architekt sein, ob die Mittel für eine einwandfreie Anlage zur Verfügung stehen. Auf alle Fälle ist sonst die einfache Ofenheizung einer mit unzureichenden Mitteln erstellten Zentralheizung vorzuziehen. Auch für entlegene Gebäude in Orten, die dem Verkehr entrückt sind und die mit einfachster Bedienung rechnen müssen, wird zumeist lokale Ofenheizung am Platze sein.

Hat man sich für die Einrichtung einer Zentralheizung entschlossen, so tritt zunächst die Frage auf, welchem der verschiedenen Systeme der Vorzug zu geben ist. Man hat im allgemeinen zu wählen zwischen Wasser-, Dampf- und Luftheizung.

Die Wasserheizung kann mit verschiedener Temperatur des Wassers betrieben werden, bei großer Kälte mit 80—95⁰C, bei mittlerer Wintertemperatur mit 55—65⁰ und so allmählich abnehmend, bis man nicht mehr zu heizen braucht. Durch diese Variation der Heizwassertemperatur kann der Heizer dafür sorgen, daß die an die Heizung angeschlossenen Räume nicht überheizt werden. Bei einiger Sorgfalt des Heizers haben sich die Hausbewohner wenig oder gar nicht um die Wärmeregulierung zu kümmern. Dies ist wünschenswert, da diese im allgemeinen davon befreit sein wollen oder auch vorübergehend durch Abwesenheit gar nicht in der Lage sind, die Sorge dafür zu übernehmen.

Aus dieser kurzen Betrachtung geht hervor, daß sich die Einrichtung von Warmwasserheizungen da empfiehlt, wo nach Lage der Verhältnisse durch gleichartige Benützung der Räume eine zentrale Wärmeregulierung in Frage kommen kann wie in Privathäusern, Villen, Bürogebäuden, Krankenhäusern usf.

Für Miethäuser stehen in starkem Wettbewerb mit Zentral-anlagen für das ganze Haus die Wohnungswarmwasser-heizungen oder Etagenheizungen, die den Heizbetrieb für jede Partei unabhängig von der zentralen Bedienung machen. Differenzen über den Zeitpunkt, wann der Heizbetrieb einzusetzen hat, wie lange täglich voll zu heizen ist und welche Entschädigungen a conto der Heizung zu zahlen sind, fallen hierbei weg. Diesen Vorteilen stehen der Brennstoff- und Aschentransport, der beim Schüren entstehende Staub und die erhöhte Belastung der Dienstboten gegenüber.

Niederdruckdampfheizungen können durch geringen Betriebsdruck und sehr weite Dampfleitungen, besonders bei nicht sehr ausgedehnten Anlagen, der Warmwasserheizung in bezug auf zentrale Regulierfähigkeit (durch Variation des Dampfüberdruckes) sehr nahe gebracht werden. Dies geschieht jedoch im allgemeinen zur Erzielung billiger Anlagekosten nicht. Die Wärmeregulierung bleibt dann in der Hauptsache auf die lokale Einstellung der Heizkörperventile angewiesen. Solche Anlagen eignen sich sehr gut für Gebäude, bei denen eine zentrale Wärmeregulierung gar nicht in Frage kommen kann, wie in Restaurants, Schulen, Hotels oder ganz allgemein für Räume mit stark wechselnder Besetzung. Der Einfluß der mehr oder minder starken Wärmelieferung der anwesenden Personen, die auch zuweilen in einzelnen Räumen ganz fehlen kann, während sie nebenan schon zur Überheizung führt, schaltet eine gemeinsame Behandlung aller Räume aus. Für solche und ähnlich gelagerte Fälle, sowie bei Bauten, in denen durch Nichtbenützung ganzer Gebäudeteile im Winter Frost-gefahr zu befürchten ist, wird die Niederdruckdampfheizung den Vorzug verdienen.

Luftheizung ist da angezeigt, wo neben dem Wärme-bedürfnis auch ein entsprechender Luftwechsel notwendig wird, also besonders in Versammlungsräumen einer größeren Anzahl von Menschen, z. B. bei Konzert- und Sitzungssälen, Theatern, Kinos usf. Die Ventilationsluft, die aus dem Freien entnommen und an besonderen Heizflächen vorbeigeführt wird, ist der Wärmeträger nach den zu heizenden Räumen. Durch Anwen-dung von Luftfiltern und Befeuchtungsanlagen läßt sich die

Luft von Staub befreien und auf eine Qualität bringen, die den hygienischen Anforderungen weitgehendst Rechnung trägt[1]). Ist die Zuführung von Frischluft nicht erforderlich oder nur zeitweise nötig, so kann die Lufterwärmung auch im Umluftbetrieb erfolgen, indem man die Raumluft im Kreislauf durch Kanäle über den Heizapparat zirkulieren läßt. Dieser Weg wird fast immer aus Sparsamkeitsrücksichten zum schnellen Anheizen gewählt. Hierbei ist zu vermeiden, daß bei Anschluß mehrerer Räume an ein und dieselbe Heizzentrale Unzuträglichkeiten dadurch entstehen, daß durch den gegenseitigen Luftaustausch Gerüche, Tabakrauch u. dgl. auch auf Lokale übertragen werden, die sich durch ihre Benützungsweise sonst bessere Luft bewahren würden. Die Luftbewegung geschieht heute fast ausschließlich mit Ventilatoren, die motorisch angetrieben werden und in den meisten Fällen eine Regulierung der Luftmenge ermöglichen. Auch hat man es durch zeitweise Zugabe von Frischluft in der Hand auf die Wärmezufuhr einzuwirken. Damit bei der Luftheizung die meistens angestrebte gleichmäßige Erwärmung über größere horizontale Flächen erreicht wird, ohne daß Luftströmungen selbst fühlbar werden, ist eine zweckmäßige Führung der Luftkanäle Bedingung. Bei verständnisvoller Abwägung der wärmetechnischen und architektonischen Forderungen gelingt es fast immer zu einem allseits befriedigenden Ergebnis zu gelangen, besonders wenn es sich um einen Neubau handelt.

Das Wesentliche der Luftheizung, die Raumluft zu heizen, ohne die Erwärmung der Umfassungswände besonders zu berücksichtigen, verweist ihre Verwendbarkeit in ein spezielles Gebiet. Diese Eigenschaft ist als Vorteil zu werten für Räume, die nur vorübergehend benützt und jeweils schnell aufgeheizt werden sollen, wie Kirchen, Garagen u. dgl., oder auch für Räume, die infolge ihrer großen Abkühlungsflächen sonst schwer heizbar sind, wie Werkstätten, Fabrikhallen usw. Es entstand somit in neuerer Zeit ein Sondergebiet für die Luftheizung bei Industriebauten, wo im allgemeinen in den

---

[1]) Recknagel und Göring, Lüftung und Heizung, Sonderdruck aus dem Handbuch der Hygiene, 2. Auflage. Verlag Hirzel, Leipzig 1927.

Werkstätten selbst einzelne Luftheizaggregate an Wänden oder Säulen untergebracht werden können. Es sind dies Apparate, die in gedrängter Anordnung das Heizregister, den Ventilator und Antriebsmotor enthalten, sich einfach montieren lassen und einen beträchtlichen Wirkungsradius aufweisen.

Infolge der geringen Einwirkung der Luftheizung auf die Erwärmung der Umfassungswände kommt sie ohne zusätzliche örtliche Heizkörper für kleinere Lokale nicht in Frage, am wenigsten für dauernd benutzte Wohnräume, wo die Wärmestrahlung der Wand von wesentlichem Einfluß auf das Wohlbefinden der Inwohner ist.

Dagegen stellt die künstliche Lüftung ganz allgemein noch einen besonderen Fall von Luftheizung dar. Hierbei wird die Luft jedoch weniger als Trägerin der Wärme betrachtet, sondern erhält Selbstzweck. Tritt die Luft nicht direkt in Verbindung mit Luftheizung auf, so bleibt sie doch stets in engstem Zusammenhang mit der Zentralheizung, weil im Winter die zur Lufterneuerung benötigte Frischluft vorgewärmt werden muß. Wird einem geheizten Raum Luft von geringerer Temperatur zugeführt, so sind im allgemeinen Zugerscheinungen unvermeidlich; auch besteht wenig Aussicht auf Erfolg, verbrauchte, mit Rauch und Wasserdampf gesättigte Luft fortzuführen. Bei der in Laienkreisen vielfach noch herrschenden Ansicht, eine befriedigende Lüftung müsse allein mit absaugenden Ventilatoren erreicht werden, wird außer acht gelassen, daß hierbei ein Unterdruck entsteht und es dem Zufall überlassen bleibt, woher die nachströmende Luft sich ergänzt. Es kann nicht von einwandfreier Lüftung gesprochen werden, wenn beispielsweise bei Wirtschaftslokalen Luft aus den angrenzenden Aborten und dunstigen Küchen nachströmt oder kalte Zugluft aus Ritzen an Fenstern und Türen den Aufenthalt unmöglich macht. Die Vorwärmung zugeführter Luft soll bei künstlichen Lüftungsanlagen die Regel sein. In gleicher Weise wie bei Luftheizung wird die Luft an Heizkörpern (Kaloriferen) vorbeigeführt, aber nur auf etwa 25° C erwärmt, während bei Luftheizung zur Deckung der Wärmeverluste höhere Ausblasetemperaturen üblich sind.

Die Speisung der Kalorifere, die eine große Heizfläche

auf engstem Raum bieten, erfolgt in gleicher Weise wie bei Radiatoren durch Dampf oder Warmwasser.

Eine Art für sich bildet die immer seltener werdende Feuerluftheizung, eine Heizanlage, bei der die Erwärmung der Luft an direkt gefeuerten Öfen vor sich geht. In Anbetracht ihrer Feuergefährlichkeit und hygienischer Bedenken sind solche Konstruktionen mit Vorsicht zu wählen. Wird diesen Anlagen nicht genügende Aufmerksamkeit zugewendet, so können bei Mängeln und Defekten an den Öfen Rauch- und Kohlenoxydgase mit der Heizluft nach den bewohnten Räumen gelangen. Die Feuerluftheizung hat heute nur bei Kirchenheizung noch praktische Bedeutung, tritt aber auch hier gegenüber modernen Systemen der Luftheizung immer mehr in den Hintergrund.

Mit dem Vorausgehenden sind die einfachen Fälle erschöpft; bei komplizierterer Sachlage soll der Architekt nicht allein entscheiden, sondern ein Fachmann (beratender Ingenieur) gutachtlich gehört werden. Schon beim Überschreiten eines gewissen Kubikinhaltes, wenn der Umfang der Anlage über einen Rauminhalt von etwa 20000 m³ hinausgeht, sprechen leicht Gesichtspunkte mit, die nicht schablonenhaft festgelegt werden können.

Man wird alsdann durch einen Fachmann erfahren, wann für große Häuserblocks eigene elektrische Lichtzentralen unter Ausnützung der Abwärme wirtschaftliche Erfolge aufweisen. Es kann sich herausstellen, daß eine Anlage so groß ist, daß die Wärmeerzeugung zweckmäßiger durch Kohlenfeuerung unter ständiger Wartung durch geschulte Heizer erfolgt, statt Füllfeuerung mit teurem Koks anzuwenden. — Es ist weiterhin Sache ingenieurtechnischer Erwägungen, ob gemischte Systeme, Dampf- und Dampfwasserheizungen gleichzeitig in einem Gebäude angezeigt sind, wann sich Fußbodenheizung, Gasheizung oder elektrische Heizung als Zusatzheizung empfiehlt. Das Gas gewinnt in neuerer Zeit immer mehr Bedeutung zu Heizzwecken, da die Gaswerke dazu übergehen, hierfür billigere Preise zu berechnen. Große Gebäudegruppen für Krankenhäuser und Irrenanstalten, Villenquartiere können je nach den Verhältnissen einmal besser Dampffernheizung oder

Fernwarmwasserheizung, das anderemal besser getrennte Anlagen für jedes Gebäude erhalten. In manchen Fällen kann Pumpenheizung oder Schnellumlaufheizung, Vakuumdampfheizung oder Abdampfheizung angezeigt sein.

Aus diesen kurzen Erwägungen mag man auch die Überzeugung gewinnen, daß die Heizungstechnik sich in ihrem heutigen Entwicklungsstadium über das Handwerksmäßige erhoben hat.

Da bei der Auswahl des Systems nicht immer rein sachliche Erwägungen, sondern insbesonders auch der Kostenpunkt eine Rolle spielt, so sei hervorgehoben, daß die Luftheizung im allgemeinen in der Anlage am billigsten und Niederdruckdampfheizung billiger als Wasserheizung zu stehen kommt. Der Unterschied ist hier um so größer, je umfangreicher die Anlage ist. Für kleine Villen verschwindet der Preisunterschied, da die zur Dampfheizung gehörigen kostspieligen Armaturen den Mehrbedarf an Heizfläche und die größeren Rohrleitungen der sonst einfacheren Wasserheizung aufwiegen.

Bei den Erwägungen bezüglich der Anlagekosten ist zu beachten, daß sich die Betriebskosten im allgemeinen umgekehrt wie die Anlagekosten verhalten. Statistische Erhebungen lassen den Schluß zu, daß die 20—25% kostspieligere Wasserheizung bei zentraler Wärmeregulierung im Betriebe etwa 20% billiger ist als Niederdruckdampfheizung mit lokaler Wärmeregulierung. Das ist in der Hauptsache wohl darauf zurückzuführen, daß bei der Niederdruckdampfheizung meistens die Regulierventile ganz offen bleiben, und die Temperaturregulierung durch mehr oder weniger weites Öffnen der Fenster erfolgt. Im gleichen Sinne der Brennstoffvergeudung wirkt die bei lokaler Regulierung häufiger auftretende Überheizung der Räume.

Ventilationsluftheizung wird im Betriebe dann teuer, wenn große Luftmengen kalt aus dem Freien entnommen werden und mit Raumtemperatur abziehen.

Die Ausschreibung der Zentralheizung.

Soll der Auftrag nicht etwa einer bewährten Heizungsfirma direkt überschrieben werden, so erhalten Privatbauten

ihre Heizungsanlagen zumeist auf dem Wege des beschränkten
Wettbewerbes. Es werden einige Firmen, die das Vertrauen
des Architekten genießen, eingeladen, ein Projekt nebst Kosten-
anschlag bis zu einem bestimmten Termine in Vorlage zu
bringen. Der Aufforderung zur Erstellung eines Projektes wird
gewöhnlich der Satz beigefügt: ,,soferne Sie bereit sind, die
Ausarbeitung kostenlos zu übernehmen und keinerlei Verpflichtungen für mich daraus entstehen.'' Es ist wohl zu bedenken,
daß es nicht angängig ist gelegentlich die schlechte Konjunktur
in der Heizungsbranche dahin auszunützen eine möglichst
große Anzahl Firmen in den Wettbewerb treten zu lassen.
Jeder Architekt weiß zur Genüge, wie unangenehm es empfunden wird, wenn ein Bauherr gleichzeitig von zehn und mehr
anderen Architekten Skizzen für seine Villa einfordert, ohne
etwas dafür zu vergüten. Auch die Vorschriften des Arbeits-
ministeriums sehen eine Beschränkung auf drei bis fünf Firmen
vor. Sind die eingeladenen Firmen gleichwertig, so ist bei
richtiger Fassung der Ausschreibung ein vergleichbares Ergebnis zu erwarten. Die in Konkurrenz gezogenen Firmen
sollen gleichwertig sein, d. h. es sollen keine Firmen eingeladen
werden, die ihrer Leistungsfähigkeit zufolge doch nicht mit
der Ausführung der betreffenden Anlage betraut werden können und deren billigen Angebote einen auffallend falschen Maßstab ergeben. — Jedem eingereichten Projekt soll eine Erläute-
rung über Art, Ausführung und Kostenberechnung der Heizungsanlage beigegeben sein, und es ist dann Aufgabe der
vergebenden Stelle, auf Grund eigener Urteilsfähigkeit das
zwecksprechendste Angebot herauszufinden. Es möge davor
gewarnt sein, Projekte allein nach Maßgabe der Billigkeit zu
entscheiden; es ist vielmehr erforderlich, sich zunächst einem
sachlichen Vergleich der verschiedenen heizungstechnischen
Ideen zuzuwenden. (Vgl. S. 22 Vergebung.)

Die selbständige Projektierung einer Heizanlage durch
verschiedene Firmen fördert bei größeren Anlagen nicht selten
eine solche Verschiedenheit in den Maßen zutage, daß die
Beurteilung ohne Sachverständigen schwer fällt. Es werden
solche Komplikationen in der Praxis häufig durch das sog.
Blankettverfahren umgangen. Eine renommierte Firma

wird evtl. gegen Entschädigung mit der Herstellung des Projektes und der Vordersätze des Kostenanschlages betraut, und die weiterhin konkurrierenden Firmen haben in den gleichlautenden Maßenauszug lediglich die Preise einzusetzen. Nur die Endsumme soll dann schließlich den Maßstab für die Übertragung der Arbeit bilden. — Einfach ist dieses Verfahren; doch wird das Kostenendergebnis meistens nicht billiger, da das sog. Vorprojekt ohne Zweifel sehr reichlich bemessen wurde, um nachträglichen Vorwürfen zu entgehen. Die Ausschaltung jedes Ideenwettbewerbes ist jedenfalls für nicht alltägliche Aufgaben kaum geeignet, Fortschritte zu begünstigen und neuen Lösungen zum Durchbruch zu verhelfen.

Vorteilhafter erscheint es mir bei Bauten größeren Umfangs verschiedene Firmen zuerst lediglich zur Vorlage eines Ideenprojektes aufzufordern, ohne gleichzeitig schon Ausführung und Kostenberechnung zu verlangen. Die Firma, welche den brauchbarsten technischen Vorschlag gestellt hat, kann dann mit der Aufstellung eines honorierten Blankettes betraut werden. Auf diese Weise würde den Heizungsfirmen einerseits der meist langwierige unnütze Zeitaufwand für die Ausarbeitung (Wärmetransmissionsberechnung) erspart bleiben, wie sie sich aus dem beschränkten Wettbewerb ergibt, anderseits muß nicht wie bei reinem Blankettverfahren auf verschiedenartige Lösungen von vornherein verzichtet werden.

Durch öffentliche Submissionen stellt man Zentralheizungsanlagen auf das Niveau geistloser Materiallieferung. Bei solchen Ausschreibungen beteiligen sich häufig Firmen mit Erfolg, die den Zentralheizungsbau nur im Nebenamt betreiben und vielleicht nicht einmal in der Lage sind, eine richtige Kalkulation durchzuführen. Es kann daher nicht eindringlich genug geraten werden, nicht immer die billigste Firma zu wählen, sondern eine gute Heizungsfirma, die für den Unterhalt gutgeschulter Kräfte viel Geld bezahlt und daher auch mehr verlangen muß als eine Firma, die Zentralheizungen handwerksmäßig ausführt. — Das Verfahren kann brauchbare Anlagen fördern, wenn Arbeitsmangel auch namhafte Firmen veranlaßt, sich erfolgreich daran zu beteiligen. Dies bedeutet für diese dann fast stets Preisangebote zu machen, die keinen

Verdienst erzielen lassen, sondern nur die Möglichkeit bieten, Arbeitskräfte, die man nicht entlassen will, zu beschäftigen. Das Verfahren der öffentlichen Submission wird in Deutschland immer noch von einzelnen Stadtgemeinden geübt. Man sollte annehmen dürfen, daß die Gemeinden ein gewisses Interesse daran hätten, ein Vergebungsverfahren auszuschließen, von dem offenkundig ist, daß der für ein industrielles Unternehmen notwendige Gewinn dabei nicht erzielt werden kann.

Durch die öffentliche Submission wird aber noch ein anderer erheblicher Mißstand gefördert. Es nehmen Fernstehende an, daß die in den Ausführungsverzeichnissen kleiner Firmen aufgewiesenen Anlagen für größere öffentliche Gebäude Geistesprodukte dieser Firmen sind. Tatsächlich brauchen diese jedoch nicht einmal imstande zu sein, die Rohrweiten für eine solche Anlage richtig zu dimensionieren; denn für die Submissionsarbeiten erhalten die ausführenden Firmen alle Unterlagen, und ihre Arbeiten werden sorgfältig von Beamten überwacht, so daß die Heizungen schließlich funktionsfähig werden müssen. Bei nächster Gelegenheit tritt die betreffende Firma dann bereits als vollwertiger Konkurrent in beschränkten Wettbewerben auf, gestützt auf mehrfache Ausführung von Anlagen für gemeindliche und staatliche Behörden, an denen sie indessen nicht das geringste ihrer geistigen Fähigkeit erprobt hat. Man muß zugeben, daß das schwere Mißstände sind, unter denen spätere Abnehmer durch große Enttäuschungen am meisten geschädigt werden. Vielfach leidet aber das Zentralheizungswesen selbst schwer darunter, da die mißglückten Anlagen seltener dem Ersteller, als vielmehr dem Heizungssysteme angerechnet werden.

Projektunterlagen.

Für größere Anlagen empfiehlt es sich, die Aufstellung von Programmen für Heizungs- und Lüftungsanlagen unter Zuziehung von beratenden Ingenieuren bzw. Fachautoritäten zu bewirken, denen schließlich auch die Prüfung der Angebote zukommt. Übernimmt der Architekt die Ausschreibung, Beurteilung und Vergebung selbst, so sollte er unbedingt einige

Kenntnisse auf dem Gebiet der Lüftungs- und Heizungstechnik besitzen. Vor allem muß er sich von der noch viel verbreiteten Ansicht freigemacht haben, daß es sich hier um ein rein handwerksmäßiges Fachgebiet handelt, das schablonenmäßig vorgeschrieben werden kann.

Es ist irrtümlich, anzunehmen, daß sich die Größe der Heizkörper nach dem Rauminhalt bestimmt. Die Unterlage für die Projektierung jeder Heizanlage ist die Berechnung der Wärmeverluste, die Transmissionsberechnung. Für Privatbauten wird sie in der Regel von den projektierenden Firmen selbst angefertigt. Diese Aufstellung ist weniger schwierig als zeitraubend; wie schon erwähnt, ist es daher naheliegend, nicht jede der konkurrierenden Firmen mit dieser Arbeit zu belasten, sondern nach dem Beispiel vieler Behörden diese Berechnung einmal aufstellen zu lassen und als einheitliche Basis dem Konkurrenten zu überlassen. Der Verband Deutscher Zentralheizungs-Industrieller hat Normalien geschaffen für die Annahme von Wärmeverlustkoeffizienten, sowie für Zuschläge für Windanfall, Himmelsrichtungen, Eckräume usw.

Wird die Wärmeverlustberechnung von dem Architekten nicht zur Verfügung gestellt, so müssen die Baupläne und Angaben ausreichend deutlich sein, um diese Berechnung richtig danach aufstellen zu können. Es ist notwendig: Ein Situationsplan (mit Nordpfeil), aus dem die exponierte oder geschützte Lage des Gebäudes, der Einfluß des Windes beurteilt werden kann. Alle Geschoßpläne vom Keller bis zum Dach — Längs- und Querschnitte und Fassaden. Aus diesen Plänen müssen ersichtlich sein alle Raumdimensionen, Mauerstärken, Fenster- und Oberlichtflächen, die Brüstungshöhen und Nischentiefen (für Fensterheizkörper), Balkontüren, Boden- und Deckenkonstruktionen und die Art der Bedachung. Es muß ferner angegeben werden: Die Art des Mauerwerks, ob Backstein, Sandstein, Kalkstein, Beton usw.; die Art der Fenster, einfach, doppelt oder nur mit doppelter Verglasung. Die tiefste Außentemperatur, bis zu welcher die gewünschten Innentemperaturen erreicht werden sollen, kann in Deutschland im allgemeinen mit — 20° C angenommen werden. Für die Raumtemperatur hat der Verband Deutscher Zentralheizungs-Industrieller Wärmegrade festgelegt, die in normalen Fällen Geltung haben und sich nach der Art der Raumbenützung richten. Außer dem Zweck, dem die einzelnen Räume voraussichtlich dienen werden, ist noch mitzuteilen, ob durchgehender oder unterbrochener Heizbetrieb in Frage kommt, ob mit starker Besetzung und mit Wärmeentwicklung durch Beleuchtung zu rechnen ist.

Abb. 1.
Zweisäuliger Radiator mit Füßen.

Aus den Plänen soll für jeden Raum, ob geheizt oder nicht, seine zukünftige Bestimmung ersichtlich sein, damit bei der Projektierung entschieden werden kann, ob die Durchführung von Heizrohren aus ästhetischen Rücksichten zulässig ist. Das Auftreten von unisolierten Heizungsrohren kann in einzelnen Räumen auch wegen der damit verbundenen Wärmeabgabe unerwünscht sein. Im Kellergeschoß werden zweckmäßig jene Räume kenntlich gemacht, die für die Aufstellung der Kessel und zur Lagerung des Brennmaterials verfügbar sind. Die bautechnisch beste Anordnung des Schornsteins, sowie die Angabe des höchsten Grundwasserstandes sind für die Disposition der Kessel und deren evtl. nötige vertiefte Anordnung wichtig.

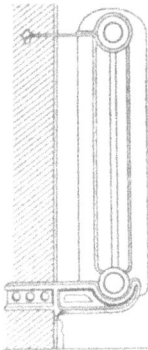

Abb. 2. Radiator mit Wandkonsolen.

Die Räume erhalten am besten in den Plänen fortlaufende Nummern, und die gewünschte Temperatur wird einheitlich in Celsiusgraden angegeben. Das Heizsystem, die Stellung der Heizkörper unter den Fenstern oder an den Innenwänden, die Art der Heizflächen, Radiatoren (s. Abb. 1 u. 2), Rohrspiralen, die Art der Wärmeregulierung in den Räumen selbst oder bei Schulen, Büroräumen usw. auch von außen mit Temperaturkontrolle durch Schaurohrthermometer, die Anordnung der Hauptverteilrohre auf dem Dachboden oder im Souterrain, die Lage der Vertikalstränge frei vor den Wänden oder in Mauerschlitzen, der Einbau von Strangabsperrschiebern, die Notwendigkeit der Verwendung eines anderen Brennstoffes als normalen Koks, die Art der Kesselspeisung im Anschluß an eine zentrale Wasserversorgung oder mittels Handpumpe, etwa vorhandene Wärmequellen, Abdampf- oder Hochdruckkesselanlagen; all diese Angaben sind notwendig, wenn die Angebote nicht zu große Verschiedenheiten aufweisen sollen.

Bei Luftheizung ist anzugeben, mit welcher Höchsttemperatur die Heizluft in den Raum einströmen soll. Hierbei sind 40—50° C normal; denn die Heizluft mischt sich mit der Raumluft und hat die bestehenden Wärmeverluste des Raumes zu decken. Im Gegensatz hierzu wird bei einer Lüftungsanlage nur eine Vorwärmung auf etwa 20—30° C nötig. Sowohl bei der Luftheizung, als auch bei Lüftung allein ist das zur Erwärmung der Luft bevorzugte Fabrikat und die Art der Heizfläche anzugeben. Es kann z. B. bestimmt

Abb. 3. Buderus-Lollar-
Radiator mit Wärmenische.

werden, es soll als Heizfläche ein Lamellenkalorifer verwendet werden, gespeist mit Dampf oder Warmwasser, in Verbindung mit einem Zentrifugalventilator, der von einem Motor angetrieben wird (s. Abb. 7). Bei Lüftungsanlagen ergibt sich die Stärke des erforderlichen Luftwechsels vielfach nach Art der Raumbenützung. Es bestehen hierüber Erfahrungssätze, wonach z. B. für Theater und Konzertsäle ein Luftwechsel von 30—40 m³ pro Kopf, für Krankenhäuser ein Luftwechsel von 70—100 m³ pro Stunde und Bett als ausreichend angenommen ist. Für Schulen rechnet man einen 2—2½ fachen, für Wohnräume und Büros 1—2 fachen, für Aborte und Küchen 3—5 fachen

Luftwechsel pro Stunde. — Aus der Größe der Luftmenge, dem
Grad ihrer Erwärmung und dem dazu verwendeten Heizmittel
berechnet sich zunächst die Größe der Heizfläche. Die Leistung
des Ventilators bestimmt sich aus der Fördermenge und dem
Widerstand, gegen den die Luft zu fördern ist. Die gleiche
Leistung kann von verschieden großen Ventilatoren je nach Wahl
der Umdrehungszahl erreicht werden. Für möglichst geräusch-
losen Lauf muß ein Zentrifugalventilator mit niedriger Umdrehungszahl (von etwa 600 Umdrehungen pro Minute abwärts)
vorgesehen werden. Auch sonstiger Schutz gegen Geräuschüber-
tragung ist vorzuschreiben, z. B. Lagerung des Ventilators und
Motors auf Kork- und Filzplatten. Durch Dazwischenschaltung
von Segeltuch- oder Lederstutzen zwischen die Luftverteilungs-
leitung und die schwingenden Teile des Wärmeaggregates kann
die Fortpflanzung der Geräusche weiterhin vermindert werden. —
Für den elektrischen Antrieb des Ventilators ist es noch für
die Ausschreibung wichtig zu wissen, ob der Motor vorteilhafter für Riemenantrieb ausgestattet wird oder mittels elasti-
scher Kupplung und Kugellager direkt mit der Achse des Venti-
latorrades gekuppelt wird. Ferner ist zu ermitteln, welche
Stromart und Anschlußspannung für den Motor zur Verfügung
steht. — Für ausgedehntere Lüftungsanlagen sind geeignete
Luftvorwärmekammern in den Plänen zu bezeichnen, in der
auch alle Vorrichtungen für Luftreinigung und Luftbefeuchtung
untergebracht werden. Verfügbare Stellen für die Zu- und
Abluftkanäle sind bekanntzugeben.

Hier sei auch darauf hingewiesen, daß es im allgemeinen
hinausgeworfenes Geld bedeutet, eine Lüftungsanlage einzu-
richten, die nicht durch jedermann, ohne jede weitere Vor-
kenntnisse bedient werden kann. Besonders muß darauf ge-
achtet werden, daß eine selbsttätige Temperaturregulierung
erfolgt; denn häufig genügt schon ein einmaliger Mißerfolg
durch Einführung unzureichend vorgewärmter Luft, daß die
Anlage sich auf die Dauer unbeliebt gemacht hat und
außer Betrieb gesetzt wird, weil die dabei auftretenden Zugerscheinungen unerträglich sind. Zur Vermeidung solcher
Vorkommnisse können selbsttätige Temperaturregler speziell
auf dem Gebiete der Lüftung nicht dringend genug empfoh-

len werden. Diese sind bei der Ausschreibung direkt vorzuschreiben.

Bei ausgesprochener Luftheizung für industrielle Bauten
werden die meist nach Wärmeleistung typisierten Luftheizaggregate im Raume selbst angeordnet (s. Abb. 8). Es kann damit gerechnet werden, daß Fabrikate mit entsprechender Konstruktion einen Wirkungsradius für die Erwärmung nach beiden
Seiten von je 6 m und in die Tiefe von 20 m gut erreichen.
Daraus ergibt sich der Abstand, in welchem die einzelnen
Apparate an Wänden oder Säulen voneinander entfernt angebracht werden können. Zu beachten ist, daß der Hauptluft-
strom möglichst gegen die größten Abkühlungsflächen gerichtet
wird. — Für den Heizapparat ist anzugeben, welches Heizmittel (Niederdruck—Hochdruckdampf,
Abdampf—Warmwasser) zur Verfügung
steht, für die Motoren lediglich, welche
Stromart und Spannung vorhanden ist.

Kommen bei den gewählten Heiz-
systemen Heizkörper (Radiatoren) zur
Aufstellung, so erfolgt diese am zweckmäßigsten in der Nähe der Hauptabküh-
lungsflächen, also unter den Fenstern.
Die sich abkühlende Luft muß dann zur
Wiedererwärmung nicht erst den ganzen
Boden hinstreichen, um zu den an der
gegenüber liegenden Innenwand aufgestellten Heizkörper zu gelangen. Der
Fußboden wird also bei Fensternischen-
heizkörpern wärmer bleiben, als bei Aufstellung von Radiatoren an den Innenwänden. Besonders zeigt sich der Vorteil
bei Windanfall. Die durch die Fenster-

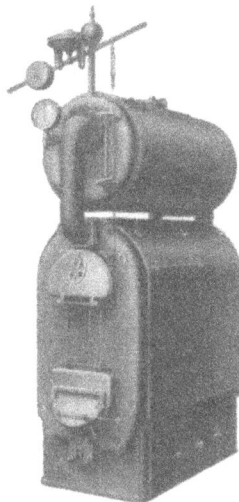

Abb. 4.
Gußeiserner Gliederkessel.
(Niederdruckdampf.)

fugen in solchem Falle in größerer Menge eindringende kalte
Luftmasse erwärmt sich hier sofort an der Wärmequelle. Durch
diese Aufstellungsmöglichkeit übertreffen Dampf- und Wasserheizung alle anderen Heizungsarten und gestatten, selbst bei
stürmischem Wetter, erträgliche Zustände zu schaffen.

Der angestrebte Erfolg wird allerdings nur in vollem Um-

fange erreicht, wenn der an den Heizkörpern aufsteigende
warme Luftstrom nicht durch das Fensterbrett in horizontaler
Richtung abgelenkt wird, sondern sich durch eingelegte Gitter
ungehindert nach oben entwickeln kann. — Die Mängel der
Fensterheizkörper liegen in den damit verbundenen höheren
Anlagekosten, in der Füllung der Nische, die das Hinaus-
schauen bei offenem Fenster unbequemer macht und in der
rascheren Trübung weißer Vorhänge, an denen sich der von
der Zirkulationsluft mitgeführte Staub abfiltriert.

Die Anordnung besonderer Heizspiralen empfiehlt sich
unter Schaufenstern zur Verhütung von Wasserniederschlägen.
Bei größeren Oberlichtfenstern können damit störende sekun-
däre Luftströme vermieden werden. Ausreichend groß bemes-
sene Dampfheizspiralen, zwischen beiden Glasflächen unsicht-
bar untergebracht, bieten weiterhin den Vorteil, daß sie bei
Schneefall als Schneeschmelze wirken.

Die Hauptverteilrohre werden bei Wasser- und Dampfheizungen in der Regel unterhalb des Erdgeschosses verlegt.
Die trotz der Isolierung verloren gehende Wärme kommt alsdann dem Hause zugute. Bei Wasserheizungen mit großer
horizontaler Ausdehnung empfiehlt es sich die Vorlaufleitung
oben, im allgemeinen auf dem Dachboden anzuordnen, um
eine gute Wasserzirkulation zu gewährleisten. Das gleiche gilt
für diejenigen Fälle, bei denen Souterrainräume aus ästhetischen Rücksichten von Röhren möglichst verschont bleiben
sollen oder auch eine geringe Erwärmung des Kellers (Wein-
und Bierkeller) zu vermeiden ist.

Freiliegende vertikale Rohrstränge gewähren im Falle
nötiger Reparaturen eine bequeme Zugänglichkeit. Die Wärmeabgabe solch freiliegender Leitungen vermag aber besonders
bei Dampfheizungen in den Übergangszeiten eine störende Überheizung der Räume herbeizuführen. Auch werden die schwarzen
Streifen unangenehm empfunden, die durch Staubablagerung
der hochziehenden warmen Luft an Wand und Decke bewirkt
werden: Die mit Spielraum notwendige Rohrdurchführung von
einem Geschoß zum andern begünstigt die Schallübertragung
und die mit dem Absetzen des Mauerwerks verbundenen Rohr-
kröpfungen wirken unschön für das Auge. Wo angängig, sind

daher nachträglich zu verschließende Rohrschlitze angezeigt.
Die Vormauerung der Rohrschlitze muß unter Wahrung not-
wendiger Ausdehnungsfreiheit für die Rohre geschehen, wie
auf S. 29 eingehender ausgeführt.

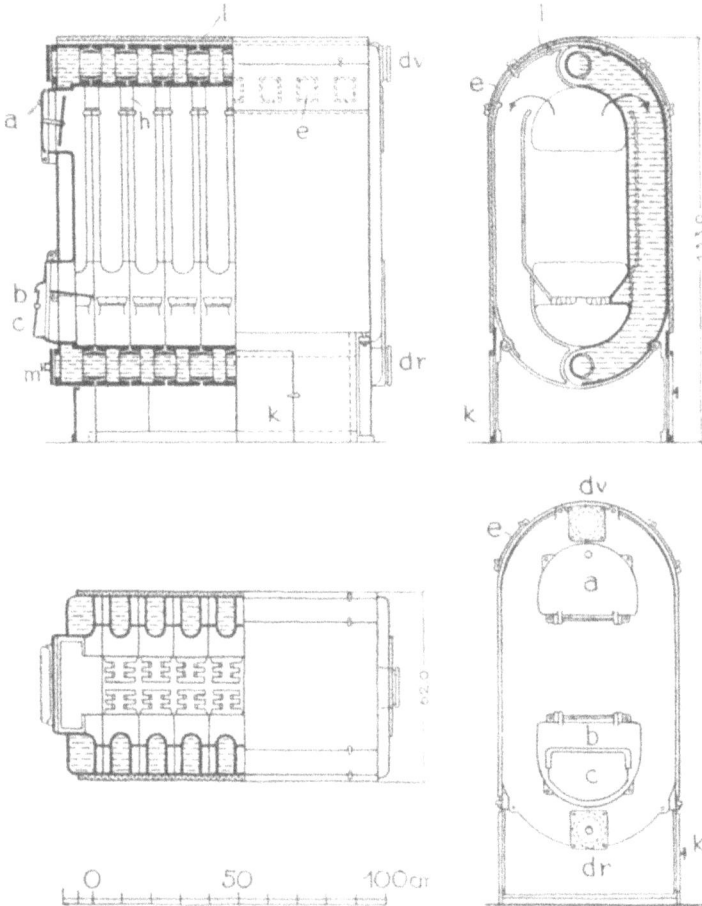

Abb. 5. Gußeiserner Gliederkessel. (Warmwasser.)
a Feuerungstüre, *b* Aschenfall- und Reinigungstüre, *c* Luftzuführungsklappe,
dv Vorlaufanschluß, *dr* Rücklaufanschluß, *e* Zugreinigungsöffnungen, *h* Heiz-
gasabzug, *k* Reinigungsöffnung zum Rauchabzug, *l* Isoliermantel. *m* Stutzen
mit Gewinde für Schlauchanschluß zum Füllen des Warmwasserheizungssystems,
zugleich Öffnung zum Ablaufen des gesamten Wasserinhaltes.

Strangabsperrschieber, die möglichst nahe der Haupt-
leitung in die Abzweigrohre einzusetzen sind, empfehlen sich
für größere Anlagen, um bei notwendigen Änderungen und
Reparaturen nur den betreffenden Strang außer Betrieb setzen
zu müssen. Bei Wasserheizungen müssen diese Strangabsperrventile auch Entleerungs- und Belüftungsventile erhalten.

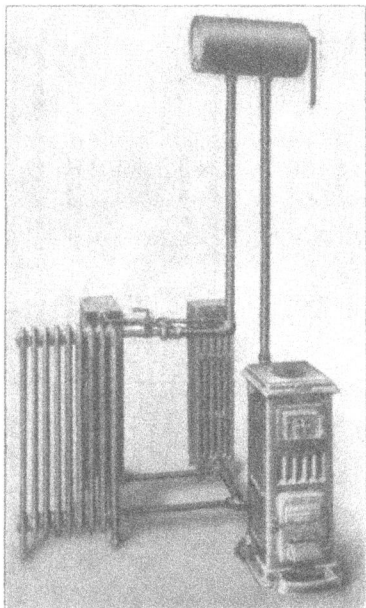

Abb. 6. Schematische Naragheizung.

Normale Zentralhei-
zungen nicht zu großen
Umfanges werden für Koks-
füllfeuerung eingerichtet.
Die Verwendung des im
Vergleich zu Kohle von
gleicher Heizkraft relativ
teuren Kokses wird bedingt
durch die Verwendung von
selbsttätig wirkenden Re-
gulatoren. Diese schließen,
bei Einfluß von Dampf-
druck oder der Heizwassertemperatur, den Luftzutritt
zur Feuerung entsprechend
ab, wenn durch das Feuer
im Kessel mehr Wärme er-
zeugt wird, als gerade
wünschenswert ist. Bei gas-
reichem Brennmaterial wie
Kohle entsteht bei Luft-
abschluß Leuchtgas, das
die Feuerzüge anfüllt. In
diesem Falle kann ein explosibles Luftgasgemisch entstehen,
wenn der Regulator sich öffnet, das bei Entzündung bedenkliche
Folgen haben kann.

Für die Verfeuerung von Braunkohlenbriketts sowie
minderwertiger Brennstoffe, wie Braunkohle, Torf usw., werden besondere Kessel konstruiert.

Füllfeuerungen sind durch die Vereinfachung der Bedienung und die Entbehrlichkeit einer ständigen Wartung sehr
bequem. Mit wachsendem Umfang der Anlage und gesteigertem

Brennstoffbedarf tritt allmählich die Grenze heran, bei welcher die Preisdifferenz für die aufzuwendende Menge in Koks und Kohle so groß ist, daß die Kosten für eine ständige Wartung der Kesselanlage davon bestritten werden können. Die Grenze wird um so früher erreicht, je billiger das Konkurrenzbrennmaterial an Ort und Stelle gegenüber Koks zu beschaffen ist. Bei Anlagen, welche die Grenzlage überschreiten, kann also durch die Aufgabe der bequemen Füllfeuerung trotz der dauernd nötigen Wartung der Kessel eine entsprechende Ersparnis erzielt werden.

Nicht immer sind die reinen Betriebskosten maßgebend. Die rauchlose Verbrennung des Kokses bietet hygienische Vorteile, und die Unabhängigkeit von einer geschulten Heizkraft ist hauptsächlich in isoliert liegenden Gegenden nicht zu unterschätzen.

Als Brennmaterial ist Zechen- oder Hüttenkoks am teuersten und besten; eine einmalige Füllung des Füllschachtes hält länger an als bei dem weniger dichten Gaskoks, auch ist die Bedienung erleichtert durch geringere Schlackenbildung. Durch Mischung des Kokses mit Anthrazit kann die Brenndauer verlängert werden.

Schließlich soll noch erwähnt sein, daß es bei jedem Heizungssystem eine Menge von Zutaten gibt, die Verbesserungen darstellen oder Annehmlichkeiten mit sich bringen, aber für die einwandfreie Funktion der Heizung nicht von Belang sind. Hierzu gehören Wärmeplatten, Wasserverdunstungsschalen, Heizkörper mit Ofennischen (s. Abb. 3) oder Gaskaminen zur Inbetriebsetzung an kühlen Sommertagen, die Verbindung von Warmwasserbereitungen mit Zentralheizungsanlagen u. dgl. Von diesen Einrichtungen sollte viel mehr Gebrauch gemacht werden, da sie die Annehmlichkeiten der Zentralheizung wesentlich zu steigern vermögen. Solche Zutaten müssen jedoch ausdrücklich verlangt werden. Jede Heizungsfirma scheut sich natürlich im Verlaufe des Wettbewerbes hierüber Vorschläge zu machen; denn sie hat zu gewärtigen, daß sich die Endsumme ihres Angebotes durch ein Geringes erhöht, zumal die Summen evtl. Nachträge nicht selten ohne weitere Beurteilung der Hauptsumme zuaddiert werden.

Maßgebende Gesichtspunkte bei der Vergebung von Heizanlagen.

Da bei der Vergebung der Heizanlagen die Endsumme des Kostenanschlages heute eine so gewichtige Rolle spielt, wird bei den Heizungsfirmen im allgemeinen darnach gestrebt, in erster Linie billig, in zweiter Linie gut zu projektieren und zu veranschlagen. Die Kritiklosigkeit der Empfänger der Heizungsprojekte ist daran meistens mehr schuld, als eine scharfe Preiskonkurrenz.

Will man unabhängig von der Projektdisposition das preiswerteste Angebot ermitteln, so muß man wenigstens einen Vergleich der angebotenen Massen anstreben. Es ist klar, daß die Verteilung der notwendigen Heizfläche auf zwei Kessel wegen der doppelten Armaturen und Garnituren mehr kostet als die gleiche Heizfläche in einem Kessel vereinigt. Außerdem sind z. B. Regulatoren und Strangabsperrventile Vorkehrun-

Abb. 7. Luftheizung, Zentralaggregat.

gen, ohne die eine Wasserheizung sehr wohl betriebsfähig ist, die aber nützlich sind und Mehrkosten verursachen. Dieselbe Radiatorenheizfläche kostet in niedrigen Modellen mehr als in hoher Ausführung; es wird also ein Projekt mit Heizkörpern in den Fensternischen teurer sein müssen als bei Aufstellung der Radiatoren an den Innenwänden. Dazu kommt noch, daß auch Mehrkosten durch längere Rohrleitungen und eine größere Gruppen- und Ventilzahl entstehen.

Rippenheizfläche ist pro Quadratmeter wesentlich billiger als Radiatorenheizfläche, aber in der Wärmeleistung im Verhältnis wie 5 zu 7 schlechter. Daraus geht hervor, daß bei einem Vergleich der projektierten Heizfläche nicht die Quadratmeter beider Arten einfach addiert werden können, um einen Vergleich der angebotenen Massen zu erhalten.

Es ist zu beachten, daß eine Wasserheizung im Effekt gleichwertig ist, ob sie mit kleinen Heizflächen und großen Rohrweiten oder mit großen Heizflächen und engen Rohren projektiert wurde. Im ersten Fall fließt sehr viel Wasser durch die Heizkörper, so daß es sich nicht stark abkühlt, die Heizfläche also sehr warm und wirksam bleibt, während im zweiten Fall das Umgekehrte zutrifft.

Im allgemeinen wird man durch Vergleich der Einheitspreise einen Überblick über die Höhenlage des Preisangebotes gewinnen, sofern man sich davon überzeugt hat, daß alle zu vergleichenden Angebote mit oder ohne Montage zu verstehen sind.

Das Bestreben einzelner Firmen ist mit großem Geschick darauf gerichtet, die Analysierung des Preisniveaus zu erschweren. Man tut daher gut, schon bei der Ausschreibung auch Richtlinien für die Aufstellung eines revisionsfähigen Kostenanschlages zu geben.

Bezüglich der Qualität der gußeisernen Heizkörper bestehen kaum Unterschiede, so daß die äußere Form im allgemeinen für die Auswahl bestimmend sein kann. In letzterer Zeit haben sich auch schmiedeeiserne Radiatoren mehr durchgesetzt, deren Vorteil zunächst in der größeren Widerstandsfähigkeit des Materials zu suchen ist. Ganz allgemein ergeben sich bei Radiatoren Preisunterschiede durch die Bauhöhe der Elemente und die Lieferung mit und ohne Grundanstrich. Kessel, Regulatoren, Ventile und Rohre werden sich meistens einer technischen Beurteilung des Architekten entziehen und bleiben daher mehr oder weniger Vertrauenssache der ausführenden Firma.

Es ist leider vielfach der Brauch, sehr gut durchgearbeitete Angebote aus dem engeren Wettbewerb auszuschalten, weil die zur Realisierung der Vorschläge nötigen Mittel nicht zur Verfügung stehen oder nicht aufgewendet werden wollen. Da man annehmen kann, daß diejenige Firma, die das gute Projekt geliefert hat, auch in der Lage ist, Einfacheres auszuführen, wäre es richtiger, zuerst zu versuchen, ob man mit ihr etwa in gemeinschaftlicher Beratung Projekt und Kostenaufwand in Einklang bringen kann. Durch ein solches Verfahren, das schon bei der Ausschreibung betont werden sollte, würde der Wettbewerb des Mittelmäßigen zurückgedrängt werden.

Abb. 8. Luftheizung, Wandaggregat.

Nicht selten kommt es vor, daß die Lieferfrist für die Erstellung einer Zentralheizungsanlage im Vordergrund der Bedingungen steht. Es sei darauf hingewiesen, daß es häufig nicht nur auf den guten Willen einer Firma allein ankommt, ob sie auf kurzfristige Lieferungen eingehen kann. Soweit eigene Lagerbestände in Frage kommen, ist die Installierung ziemlich unabhängig; in größeren Mengen werden im allgemeinen nur Rohre und die gebräuchlichsten Bestandteile vorhanden sein, bestenfalls noch Radiatoren und Kessel, die je nach den Verhältnissen und erforderlichen Leistungen gliederweise zusammenzusetzen sind. Werden jedoch nicht sofort greifbare Apparate benötigt und handelt es sich um Werklieferungen, so ist meistens mit einer längeren Lieferzeit zu rechnen. Auch große Werke der Heizungsindustrie fabrizieren jeweils nur auf Bestellung, besonders wenn keine normalisierten Typen verwendet werden sollen. So werden z. B. für Luftheizung die Kalorifere erst bei Auftragseingang angefer-

tigt, wenn die genaue Wärmeleistung und das Betriebsmittel
feststeht. Auch bei den Zentrifugalventilatoren wird bei der
Herstellung auf die örtlichen Aufstellungsmöglichkeiten Rücksicht genommen und die geeignetste Anordnung ausgeführt.
Endlich bestehen für den Antriebsmotor im Hinblick auf
Stromart, Spannung und Leistung so vielerlei Variationen, daß
es sich nicht rentiert auf Vorrat hinzuarbeiten. Bei solchen
Bestellungen kann dann die Lieferzeit 6—8 Wochen in An-
spruch nehmen, ohne daß eine Beschleunigung erzwungen
werden kann, da die Werke für den Einzelfall ihren normalen
Fabrikationsweg nicht unterbrechen. — Der Architekt tut gut,
dieser Tatsache in entsprechender Vorausdisponierung Rechnung zu tragen, da sonst Enttäuschungen unausbleiblich sind.
Im allgemeinen geben auch Konventionalstrafen keine besondere Gewähr für Einhaltung unmöglicher Lieferfristen, da
ihnen der genügende rechtliche Hintergrund fehlt.

Eine aus staatlichen, kommunalen Beamten und Vertre-
tern der Industrie zusammengesetzte Kommission hat auf Anregung des Verbandes Deutscher Zentralheizungs-Industrieller
einen Normalvertrag aufgestellt, der zur allgemeinen Verwendung empfohlen werden kann. Dieser ist nachfolgend als
Anhang im Wortlaut abgedruckt (s. S. 42).

Die mit der Ausführung einer Zentralheizung ver-
bundenen baulichen Arbeiten.

Ist die Vergebung der Zentralheizung rechtzeitig, d. h. vor
Beginn der Bauarbeiten, erfolgt, dann können nicht nur die
Kosten für die baulichen Nebenarbeiten, für Mauer- und
Deckendurchbrüche, Mauerschlitze, Kesselfundamente und
Kokslagerräume wesentlich vermindert werden, sondern der
ganze Einbau der Anlage wird auch technisch vollkommener
möglich sein und sich harmonischer in das Gebäude einfügen.

Die Kesselanlage sei möglichst zentral. Eine einseitige
Anlage erfordert höhere Anlagekosten.

Bei Wasserheizungen ist keine Vertiefung des Kesselhauses notwendig; kann das Fundament jedoch ohne erheb-
liche Kosten vertieft werden, so wird die Heizungsinstallation

durch die Vergrößerung der Zirkulationshöhe billiger. Auf den jeweils höchsten Grundwasserstand ist zu achten, damit kein Grundwasser in das Kesselhaus eindringt. — Die Aufstellung des Heizkessels auf der Höhe der untersten Heizkörper, sogar ein wenig höher, ist bei Etagenheizungen sogar allgemein üblich. Muß der Heizkessel wesentlich höher gestellt werden, so kann eine Schnellstromwarmwasserheizung oder Pumpenheizung zur Ausführung kommen. Die Aufgabe ist also technisch lösbar, jedoch wird man die mit solchen Anlagen verbundene Komplikation, wenn möglich, vermeiden. — Im Gegensatz hierzu verlangt die Niederdruckdampfheizung stets eine so tiefliegende Anordnung des Heizkessels, daß das Kesselwasser nicht in die tiefliegenden Heizkessel gedrückt wird. Für Anlagen mittleren Umfanges ergibt sich hieraus eine lichte Höhe des Kesselhauses von ungefähr 3,5 m. Durch besondere Maßnahmen kann diese Höhe vermindert werden.

Zur Aufstellung von zwei Kesseln genügt ein Kesselhaus von 3,80 × 4,5 m Grundfläche; damit kann ein Gebäude von etwa 10000 m³ zu heizenden Raum mit Wärme versorgt werden. Für eine Villa genügen äußerstens 2 × 3 m für die Aufstellung eines Kessels, der auch in der Waschküche oder einem Vorraum untergebracht werden kann. Jedenfalls soll der Kesselraum nicht knapper als unbedingt nötig bemessen werden, damit auch Platz vorhanden ist zur Vornahme bequemer Bedienung und evtl. Reparatur an Ort und Stelle. Für genügend Licht und Luft im Kesselhaus ist Sorge zu tragen. Vor dem Kessel ist ein Platz von 1,5—2,00 m, seitlich etwa 1,5 m auch bei kleinen Verhältnissen erforderlich. Als Fußboden erweist sich Beton mit Zementestrich als zweckmäßig, soweit er nicht mit glühendem Brennmaterial in direkte Berührung kommen kann. Dagegen sollte das Fundament des Kessels, das aus 30 cm starkem Beton bestehen kann, wenigstens mit einer Schicht hochgestellter Ziegel überdeckt sein oder besser mit gesinterten Klinkern. (Über Wasser-Zu- und -Ableitung im Kesselraum vgl. S. 31.) Das Kesselhaus soll durch eine Türe abgetrennt direkt neben dem Kokslager liegen, um den Brennstofftransport möglichst zu vereinfachen. Nie soll Brennmaterial im Kesselhaus selbst gelagert werden. Bei den hauptsächlich in Betracht kommenden Gliederkesseln, die wie ein gewöhnlicher Füllofen von vorne beschickt werden, liegt der Koksraum am besten mit dem Kesselfundament auf der gleichen Höhe, um Treppenanlagen zu vermeiden. Der Kokslagerraum werde, wenn möglich, so groß gewählt, daß der Vorrat für den ganzen Winter untergebracht wird. Dies hat den Vorteil, daß der Koks trocken während der warmen Jahreszeit eingekauft werden kann. 50 kg Gaskoks können rd. 13 kg Wasser aufnehmen! Diese Maßnahme fällt daher bei Einkauf des Kokses nach dem Gewicht recht bedeutend in die Wagschale. — Kann der ganze Wintervorrat nicht untergebracht werden, so sollte der Vorratsraum unter dem Gesichtspunkt bemessen werden, daß er volle Ladungen eines Waggons aufnehmen kann. 10 000 kg Koks haben einen Raumbedarf von 25—30 m³. Bei 2 m hoher Schüttung im Koksraum kommt man in diesem Falle unter Berücksichtigung einer Böschung von 45⁰ mit einer Fläche von 15—20 m² aus. Zu bedenken ist schließlich auch, daß außer Koks noch Anfeuerholz und evtl. anderes Brennmaterial zum Strecken der Koksvorräte (Anthrazit) in einem anderen Raume in zweckmäßiger Lage zum Kesselhaus untergebracht sein wollen. Die Räume zur Lagerung des Brennmaterials sollen an einer Zufahrt liegen, so daß das Material durch eine Schüttvorrichtung abgeladen werden kann.

Bei großen Anlagen, die meistens eingemauerte, schmiedeeiserne, von oben zu füllende Kessel erhalten, wird der Boden des Brennstofflagers mit der Kesselabdeckung auf eine Höhe zu legen sein. Für die hier in Frage kommenden großen Brennstofftransporte nach den Kesseln werden besondere Rollvorrichtungen, am besten eine Schwebebahn, eingerichtet. Für solche Anlagen kommen auch Schlacken- und Ascheaufzüge in Frage. Der Schürstand liegt hier etwa 2,5 m tiefer, als das Kokslager, und ist durch eine entsprechende Treppenanlage von 0,8—1,0 m Breite zugänglich zu machen. — Bei Neubauten ist darauf zu achten, daß in dem Rohbau eine genügend große Öffnung verbleibt, bis die Kessel in den Kesselraum eingebracht sind.

Der Schornstein ist bis auf Kesselfundament herabzuführen, unter Umständen bis unter Kesselfundament, wenn der

Rauchgasanschluß (Fuchs) des Kessels unterirdisch verlegt ist. — Wird für jeden Kessel ein gesonderter Schornstein ausgeführt, so ist das nur empfehlenswert. Der Querschnitt des Schornsteins wird in diesem Falle nicht so groß, läßt sich auch bei mäßigem Heizbetrieb schneller anwärmen und ergibt weniger Möglichkeit zu störenden Gegenströmungen. Je höher der Schornstein ist, desto größeren Querschnitt darf er erhalten. Zur vorläufigen Annahme kann der Querschnitt für 500 m³ zu beheizenden Raum mit 1 dm² angenommen werden, jedoch nicht unter 4 dm². Die genaue Berechnung mit Rücksicht auf die Höhe ist Sache der Heizungsfirma. Die Mauerung der Schornsteine erfolgt nur in Backstein, ohne inneren Verputz. Bei dem Einbau von Zentralheizungen in alte Bauten kann so verfahren werden, daß nebeneinander liegende Rauchabzüge von Schornsteinen oben und unten zu einem Kamin größeren Querschnitts vereinigt werden, indem man die trennende Zungenmauer dort auf ca. 2 m Länge durchbricht. Führt die Kaminanlage der Zentralheizung durch kleine Räume, so ist der Schornstein gut zu isolieren, um eine unerträgliche Temperatursteigerung in den Übergangszeiten zu vermeiden. Beliebt ist die Vorbeiführung von Schornsteinen an Aborten, um dort die Wirksamkeit der Entlüftung zu begünstigen.

Ganz allgemein gilt für Abluftkanäle, also insbesonders auch bei Lüftungsanlagen und Luftheizung, daß sie ihrer Beschaffenheit nach dem Luftstrom möglichst wenig Widerstand entgegensetzen und ein guter Zug bei allen Witterungsverhältnissen gewährleistet ist. Es ist also darauf zu sehen, daß der Schornstein möglichst senkrecht aufrecht geführt wird, im Innern glatt gefugt ist, ohne Absätze, Querschnittsverengungen oder Erweiterungen. Die Ausmündung über Dach soll möglichst frei sein und jedenfalls naheliegende Dachfirste überragen. Ist das nicht der Fall und tritt Staupressung infolge mangelnder Luftbewegung ein, so kann nur durch Erhöhung des Kamins, evtl. durch Aufsetzen von Blechrohren Abhilfe geschaffen werden. Eine Bekrönung oder Abdeckung des Kamines ist im allgemeinen nicht notwendig. Niederschläge sind nicht zu fürchten. Deflektoren sind mit Vorsicht zu verwenden und erfüllen nur dann ihren Zweck, wenn sie ihrer Konstruktion nach auf-

tretenden Oberwind in Unterwind verwandeln und dann die
Saugwirkung des Kamins unterstützen. Drehbare Deflektoren
sind im allgemeinen nicht von langer Betriebssicherheit.

Für die Luftzuführungskanäle bei Lüftungsanlagen und
Ventilationsluftheizung sei noch darauf verwiesen, daß diesen
Kanälen, ihrer hygienischen Bedeutung entsprechend, besondere Beachtung in der Ausführung zuzuwenden ist. Sie sind
in ihrem horizontalen Verlauf begehbar (1,5 m breit, 2,0 m
hoch), an der Innenseite möglichst aus glattem, leicht reini-
gungsfähigen Material zu machen, mit abgerundeten Ecken
ohne scharfe Bogen und Winkel. Je widerstandsloser der Luft-
zug vor sich gehen kann, desto geringer errechnet sich auch
der Kraftverbrauch für den saugenden Ventilator.

Bezüglich der Heizkörper ist zu beachten, daß deren Aufstellung auf Wandkonsolen unbedingt der Aufstellung auf
Füßen vorzuziehen ist. Dies hat schon während der Montage
den großen Vorteil, von dem zu dieser Zeit meist unfertigen
Fußboden unabhängig zu sein. Späterhin ist man bei der
Bodenreinigung unterhalb der Heizkörper, sowie beim Legen
der Teppiche oder von Linoleum nicht durch die Füße der
Heizkörper behindert. Will man diesen Zweck verfolgen, so
muß natürlich auch bei der Rohrführung darauf Rücksicht genommen werden. In diesem Falle müssen die Rohre in
Mauerschlitzen verlegt werden, da bei freiliegenden Vertikal-
strängen das Prinzip des freien Bodens ohnehin schon durchbrochen würde. Will man eine schöne Montage erzielen, so ist
zu beachten, daß die Rohrleitungen senkrecht in den Mauerputz eintreten. Bekanntlich ist bei Heizrohrleitungen stets
darauf Rücksicht zu nehmen, daß ihre freie Beweglichkeit
beim Erwärmen und Erkalten gewahrt bleibt. Es ist daher
unzulässig, die Leitungen ganz einzuputzen. Vielmehr sind
Rohrschlitze, die im allgemeinen 15 cm tief und 20 cm breit
werden, durch vorgesetzte Gips- oder Zementdielen oder trag-
fähige Schlitzsteine hohl zu verschließen. Auf abnehmbare
Schlitzblechverkleidungen wird immer mehr verzichtet; sie
sind teuer und haben wenig Bedeutung. In kleinen Schlitzen,
die nicht hohl, sondern vollständig vermauert werden müssen,
sollen die Rohre vor dem Verputz mit Strohseil, Wergstrick

oder Wellpapier umkleidet werden, um ihnen auf diese Weise freie Bewegung zu sichern. Auch an den Austrittstellen der Rohre aus dem Wandputz darf dieser nicht direkt anschließen, sonst bröckelt er nach kurzer Zeit ab. Der Abschluß wird hier durch sog. Wandrosetten gebildet, die das Rohr in kaltem Zustand konzentrisch oder mit Luft nach oben umschließen sollen. In Wirklichkeit wird dies häufig nicht beachtet, und die Wandrosetten werden vielfach aus einem Stück, schon bei der Montage über die Rohre geschoben und fälschlich so eingemauert, wie sie durch ihr Gewicht darauf hängen. Zweiteilige Rosetten, meist aus Gußeisen, haben den Vorteil, nachträglich eingesetzt werden zu können.

Werden die vertikalen Rohrstränge frei vor die Wand gelegt, so sind diese bei Bodendurchsetzungen mit Hülsen zu umgeben, die einige Millimeter über den Fußboden heraustreten und sich ihrerseits dicht an diesen anschließen. Nur auf diese Weise erfüllen sie ihren Zweck dem Rohr freie Bewegung zu gestatten, dem Durchsickern von Aufwaschwasser in den Fehlboden jedoch vorzubeugen. Als sichtbaren Abschluß kann die Rohrhülse eine Rosette erhalten.

Es ist allgemein bekannt, welche mühsame Arbeit das Durchbrechen von erhärtetem Beton und Eisenbeton ist, zumal wenn man gerade auf das Eisengerippe trifft. Es lohnt sich daher sehr, die Öffnungen für Rohrdurchführungen auszusparen und zwar recht reichlich, da das Zugießen eine relativ kleine Mühe ist.

Für moderne Bauten kommen als Heizkörper in der Hauptsache Radiatoren in Frage. Sollen diese ohne Vorsprung mit dem Mauerputz der Wandflächen bündig montiert werden, dann ist eine Nischentiefe von ca. 30 cm vorzusehen. In den oberen Stockwerken, wo die Mauerstärken selbst gering sind, wird ein Vorspringen der Heizkörper im allgemeinen nicht zu umgehen sein. Um das Herausragen auf ein Minimum zu bringen, wird man die Wandstärke der Brüstung möglichst dünn machen und besondere Isoliermittel wie Korkstein- oder Torfoleumplatten anwenden, um große Wärmeverluste durch die dünne Brüstungswand nach außen zu vermeiden.

Da die Radiatoren mit abnehmender Höhe im Preise pro Quadratmeter stark zunehmen, so ist es vorteilhaft, die Fensterbrüstungen im Lichten zwischen Abdeckung und Boden wenigstens 825 mm hoch zu machen (s. S. 36, Abb. 11), wenn das Fensterbrett für die Luftabströmung nach oben nicht durchbrochen werden kann. Strömt jedoch die warme Luft oben durch eingelegte Gitter frei ab, so können die gleichen Heizkörpermodelle bei 100 mm niedrigerer Brüstung noch Verwendung finden. Die genannten Abstände sind Mindestmaße und berücksichtigen lediglich eine einwandfreie Wärmeabgabe, die nur gewährleistet ist, wenn der Heizkörper allseits genügend von Luft umspült wird. Es muß jedoch dringend empfohlen werden, den Zwischenraum von Heizkörper bis Fensterbrett bzw. bis zu den Verkleidungswänden noch etwa 8 cm reichlicher zu wählen, damit an dem Radiator auch Verdunstungsschalen für Luftbefeuchtung angebracht werden können. Der Anstrich der Heizkörper soll nicht mit gewöhnlicher Ölfarbe, sondern mit hitzebeständiger Farbe erfolgen.

Schließlich sei noch der Bodenkanäle gedacht. Sollen die Souterrainräume von sichtbaren Leitungen frei bleiben, so kommen für die Rückleitung nach dem Kessel Bodenkanäle in Frage, die für kleinere Anlagen mit 30 auf 40 cm Querschnitt ausreichen. Während man früher diese Kanäle meistens mit Riffelblech abdeckte, macht man die Abdeckung heute gerne aus Monierplatten, die nach dem Verlegen mit Zement vergossen werden. Sie lassen sich in den seltenen Bedarfsfällen unschwer ausheben, und man vermeidet das Eindringen von Wasser, Schmutz und Ungeziefer, sowie beim Betreten das Klappern nicht gut eingepaßter Blechtafeln.

Da die Be- und Entwässerung der Gebäude in den meisten Fällen nicht durch die Heizungsfirma ausgeführt wird, so sei noch darauf hingewiesen, daß rechtzeitig zum Füllen der Heizungsanlagen im Kesselhause ein Zapfhahn $\frac{1}{2}''$ mit Schlauchverschraubung vorzusehen ist, der durch einen Schlauch mit dem Füllhahn der Kessel verbunden werden kann. Derselbe Schlauch dient zweckmäßig im Bedarfsfalle auch zur Entleerung der Anlage nach einem Sinkkasten, der am besten etwas abseits vom Schürstand angelegt wird, um eine Verunreinigung durch Asche usw. möglichst zu verhüten. Liegt die Kanalisation höher als das Kesselfundament, dann kann mittelst des Füllschlauches der Abfluß bis zur Einmündungshöhe in das Kanalisationsrohr selbsttätig erfolgen. Der Rest kann durch eine Flügelpumpe übergeführt werden, sei es, daß eine vertiefte Sammelgrube für das Abwasser vorgesehen ist oder die Pumpe für den Schlauchanschluß eingerichtet wird. An die Kanalisation ist ferner der Überlauf des Expansionsgefäßes der Wasserheizungen anzuschließen, da die Abführung nach den Dachrinnen im Winter den Nachteil gelegentlicher Verstopfung durch Eisbildung oder Schneewehen hat.

Die Gesamtkosten der baulichen Hilfsarbeiten, wie Erd-, Maurer-, Zimmerer-, Tischler- und Malerarbeiten sind bei Neubauten auf etwa 10% der Installationskosten zu schätzen, wenn sie rechtzeitig berücksichtigt worden sind.

Montage der Heizung.

Nachdem die Zentralheizung vergeben und das Gebäude nach den vervollständigten Bauplänen im Rohbau fertiggestellt ist, muß die Frage entschieden werden: Wann wird zweckmäßigerweise mit der Installation der Zentralheizung begonnen? Normal soll mit der Heizungsmontage nach Fertigstellung des Innenputzes begonnen werden. Für die Fertigstellung rechnet man pro 1000 M. Anlagekosten ungefähr eine Woche Arbeitszeit. Bei kleinen Anlagen etwas mehr, bei großen Bauten, bei denen gleichzeitig mit einer größeren Zahl von Monteuren gearbeitet werden kann, entsprechend weniger, weil sich obige Angaben auf die Betätigung einer einzigen Monteurgruppe beziehen.

Ist die Fertigstellung besonders dringend, so müssen wenigstens die Kellerdecken und die Wandflächen hinter den Heizkörpern vor der Montage verputzt sein, da eine nachträgliche Ausführung dieser Arbeiten nicht nur sehr erschwert wird, sondern auch nachteilig für die fertiggestellte Montage wäre; denn außer einer kaum mehr zu reinigenden Verschmutzung sind auch Verbiegungen und Störungen durch Handwerksleute zu befürchten.

Übergabe der Heizanlage.

Ist die Heizanlage fertiggestellt, so wird sie auf Dichtheit einer Prüfung, d. h. einer Druckprobe unterzogen. Früher war man der Ansicht, daß man hierbei um so sicherer geht, je höher der Probedruck gewählt wird. Man prüfte oft mit einem Überdruck, der das 10- und 20 fache des während des Betriebes höchstmöglichen Arbeitsdruckes betrug, und war hochbefriedigt, bis sich später herausstellte, daß auf diese Weise gerade das Gegenteil von dem erreicht wurde, was man beabsichtigte. Durch die hohe Beanspruchung des Materiales bis an die Grenze des Möglichen wurde ein dauernder Schaden angerichtet und durch mäßige weitere Beanspruchungen eine baldige Zerstörung herbeigeführt.

Seit dieser Erfahrung pflegt man mit dem Doppelten des höchstmöglichen Betriebsdruckes zufrieden zu sein.

Es liegt nicht nur im Interesse des Bauherrn, sondern auch in dem der Heizungsfirma, wenn es mit dieser Druckprobe recht genau genommen wird, um alle wirklichen Schäden zu beseitigen.

Nach der Druckprobe erfolgt zweckmäßig eine mehrtägige Heizprobe, lediglich zu dem Zweck, etwaige Verstopfungen oder Montagefehler und ferner solche Schäden aufzudecken, die durch den mehrfachen Temperaturwechsel und das damit verbundene Ausdehnen und Zusammenziehen der Rohrleitung bei schlechter Montage entstehen können.

Man lasse, wenn möglich, das Feuer täglich ausgehen, um die Abkühlung zu bewirken und heize wieder frisch an, wenn nicht Gefahr durch Frost besteht. Je länger dieser Betrieb bei freiliegenden Rohrleitungen fortgesetzt wird, desto besser. Werden alle Heizkörper bei diesem Probeheizen warm und zwar im ganzen Umfange, dann soll die Anlage in den Besitz des Bauherrn übergehen. Mit dem Rückzug der Monteure nämlich entzieht sich die Heizung der Aufsicht des Erstellers.

Von einer Prüfung der Anlage auf die Erzielung eines bestimmten Effektes kann solange nicht die Rede sein, bis das Gebäude nicht vollständig bezugsfertig hergestellt ist. Solange die Rohre freiliegen, werden sie am besten mit Mennige grundiert und später, zu gelegener Zeit, die vor Wärmeabgabe zu schützenden Rohre isoliert.

Wasserzu- und -Rückleitungen, sowie Dampfleitungen, nicht aber Kondenswasserleitungen werden, soweit sie nicht in geheizten Räumen liegen, isoliert. Bei Etagenheizungen ist es aus technischen Rücksichten unzulässig, die Wasserzuleitung zu isolieren, weil durch die Wärmeabgabe dieser Leitung die Betriebskraft für die Wasserzirkulation geschaffen wird.

Die Verkleidung der auf dem Dachboden stehenden Expansionsgefäße durch Holzverschläge mit Torfmullfüllung, ferner Brennstoff und Wasser für Probebetriebe gehen zu Lasten des Bauherrn.

Die architektonische Behandlung der Heizung.

Ich habe irgendwo einmal gelesen, daß Windmühlen an sich sehr häßliche Gebilde seien, über die sich heutzutage alle entsetzen würden, wenn sie, bisher unbekannt, nunmehr aufgestellt würden. Alles würde sich darüber beklagen, wie es gestattet würde, ganze Gegenden durch solche Maschinen zu verderben.

So aber, da man sich von Anfang an nicht gescheut habe, diese lediglich vom Standpunkt der Nützlichkeit aus konstruierten Windmühlen nach Bedarf hinzustellen, wo man sie brauchen konnte, habe sich das Auge so an das nützliche Ding gewöhnt, daß es heute als sog. Delftermalerei ein dekoratives Element bilde. So denke ich mir, müßte es schließlich mit allen nützlichen, zweckentsprechenden Dingen gehen. Die übertriebene Sucht, alles zu verdecken, mit mehr oder minder weit gehenden Zugeständnissen an Reinlichkeit und Effekt, ist vollständig unbegründet.

Wenn man die Rohrleitungen in das Mauerwerk einläßt, so hat dies Berechtigung und den großen Vorteil, daß die bekannte Bildung von schwarzen Streifen an den Wänden und an der Decke vermindert wird. Aber bei den Heizkörpern selbst ist es richtiger sie nicht zuzubauen, sondern durch entsprechende Umrahmung der Umgebung anzupassen. In dieser

Weise wurden schon recht gut gelungene Lösungen gefunden. Trotzdem zwingt die Häufigkeit der Anwendung von Heizkörperverkleidungen dazu, sich wenigstens mit deren technisch richtigen Ausführung zu befassen. Fehler hierbei legen ein deutliches Zeugnis davon ab, daß der betreffende Architekt nicht die richtige Vorstellung hat von der Funktion, die ein Heizkörper erfüllen soll.

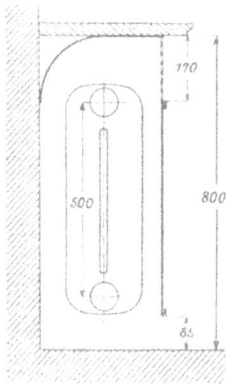

Abb. 9. Radiatorgitter.
Seitliche
Luftausströmung.

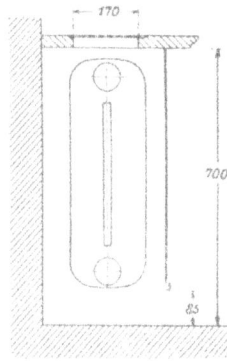

Abb. 10. Radiatorgitter.
Obere
Luftausströmung.

Der Heizeffekt eines Heizkörpers beruht darauf, daß er auf Grund der vorhandenen Temperaturdifferenz zwischen seiner Oberfläche und der umspülenden Luft diese Luft erwärmt. Die erwärmte Luft steigt an dem Heizkörper hoch und strömt nach dem Raume hin ab, indem gleichzeitig von unten her immer wieder neue kühle Bodenluft zuströmt. Der Ofen kann um so mehr Wärme abgeben, je kühler die umgebende Luft ist. Unter normalen Verhältnissen strömt z. B. die Luft in Wohnräumen mit 18—20° C zu einem Dampfheizkörper und verläßt ihn mit etwa 50° C, so daß die Temperaturdifferenz zwischen Luft und Heizmittel bei Niederdruckdampfheizung (gerechnet mit 100° C) im Mittel mehr als 60° C beträgt. Erschwert man durch eine Verkleidung den Luftzutritt oder die Luftabströmung, so zieht weniger Luft an dem Heizkörper vorbei. Naturgemäß erwärmt sich die geringere Luft-

menge auf diese Weise höher, während die Temperaturdifferenz
zwischen Ofen und Luft abnimmt und damit auch die Wärmeabgabe. Verhindere ich jeden Luftaustausch, so wird die Luft
so warm wie der Heizkörper selbst und der Heizeffekt verschwindet, d. h. eine Wärmeübertragung von dem Heizkörper
an den Raum kann nicht mehr stattfinden. Der Raum bleibt
in diesem Falle kalt, und bei beschränkter Luftzirkulation
wird er nicht ausreichend warm.

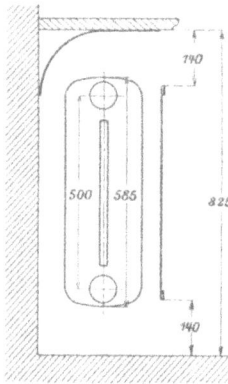

Abb. 11. Radiatorschlitz.
Seitliche
Luftausströmung.

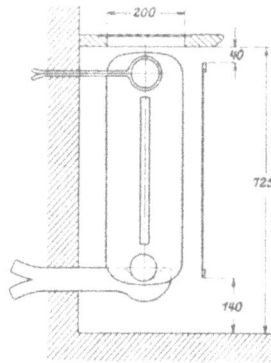

Abb. 12. Radiatorschlitz.
Obere
Luftausströmung.

Es ist experimentell nachgewiesen, daß bei richtig aus-
geführter Verkleidung im Vergleich zu freistehenden Heizkörpern keine Beeinträchtigung der Wärmeabgabe stattfinden
muß. Das setzt allerdings voraus, daß Zu- und Abströmung
der Luft und eine bequeme Umspülung der Heizkörper durch
die Zirkulationsluft nicht unzulässig behindert wird. Die Größe
der Zirkulationsquerschnitte lassen sich nach der Wärmeleistung der Heizkörper berechnen. Die genaue Bemessung
der oben und unten nötigen Öffnungen in der Verkleidung
kann nach der von H. Recknagel aufgestellten Formel erfolgen:

$$q = \frac{0.5 \cdot W}{h} \text{ cm}^2.$$

Darin bedeutet q den freien Zu- oder Abströmquerschnitt der Zirkulationsluft in cm², W die Wärmeabgabe des Heizkörpers in WE pro Stunde und h die Höhe des Heizkörpers von Oberkante bis Unterkante in Meter. Es muß also für gleich große Heizkörper bei Dampfheizung wegen der größeren Wärmeabgabe der Zirkulationsquerschnitt größer werden als bei Wasserheizung. Der Unterschied ist hierbei erheblich und steht etwa im Verhältnis von 700:450.

Da im Architekturbüro die Wärmeabgabe der verschiedenen Heizkörper weniger bekannt ist, als die an Ort und Stelle meßbaren Größen derselben, so sind zur Gewinnung von Anhaltspunkten in Abb. 9—14 einige Maße angegeben. Die Abmessungen gelten für II säulige Radiatoren und erhöhen sich für III säulige um 25%. Wenn die Breite der Schlitze und Gitter nicht mit den beigedruckten Angaben übereinstimmen, sondern schmäler oder breiter sind, dann erhöhen oder vermindern sich die Höhenmaße im gleichen Verhältnis. Die Zirkulationsöffnungen am Boden werden zur Ermöglichung einer bequemen Reinigung des Bodens unter den Heizkörpern eher etwas mehr als 85 mm ausgeführt, und zwar als offener freier Schlitz. Kann aus irgendwelchen besonderen Rücksichten, wie z. B. bei Irrenanstalten, der Schlitz nicht offen bleiben, so muß

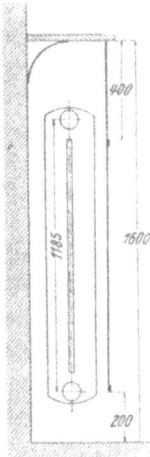

Abb. 13.
Verkleidung
hoher Radiatoren.
(Dampf.)

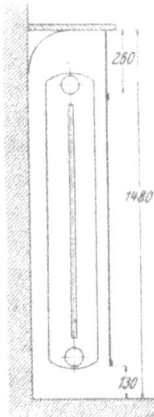

Abb. 14.
Verkleidung
hoher Radiatoren.
(Warmwasser.)

die Vergitterung den gleichen freien Querschnitt aufweisen wie die sonst berechnete Öffnung. $^2/_3$ des geforderten freien Querschnittes sollen möglichst nahe dem Fußboden angeordnet sein, so daß die Luft auch bequem nach der Rückseite gelangen und zwischen Wand und Radiator hochsteigen kann. Zu beachten ist, daß der Luft oberhalb des Heizkörpers zum

Abströmen die gleichgroße Öffnung freigegeben wird als unterhalb; denn es kann nur immer soviel Luft zuströmen, als
abzuströmen vermag.

Um das vertikale Hochströmen der Zirkulationsluft nicht
zu behindern, soll die Verkleidung in mindestens 5 cm Abstand vom Heizkörper angeordnet werden. Die noch immer
in Verwendung stehenden Kettengehänge gewähren in den
meisten Fällen der Luft ungenügende Durchgangsmöglichkeit
und beeinträchtigen den Heizeffekt ganz wesentlich.

Vielfach beschränkt man sich auf eine Abdeckung der
Radiatoren an Innenwänden durch eine Marmorplatte in einem
Abstand von ungefähr 20% der Höhe. Diese Platten sollen
die Luftströmung auf ihrem weiteren Weg von der Wand abhalten, um die Ablagerung von mitgeführten Staubteilchen
an den rauhen Wandflächen, Tapeten usw. zu verhüten.
Wirksam wird der Schutz nur bei dichtem Anschluß der Platten
an die Wand und bei reichlicher Ausladung. Bei Räumen, die
nur auf geringe Temperatur geheizt werden, wie Korridore,
Vorplätze mit starkem Verkehr usw., schwärzt sich trotz allem
die oberhalb liegende Wandfläche, wenn sie nicht ganz glatt
aus glasierten Plättchen, Glasplatten oder Emailanstrich ausgeführt wird. Auf jeden Fall ist die Abdeckplatte seitlich durch
Konsolen zu stützen, die nicht durchbrochen sind; sonst zieht
die warme Luft zu beiden Seiten der Platte hoch und bildet
an der Wand die bekannten schwarzen Ohren. Die Verkleidungen müssen zum Zweck der Heizkörperreinigung leicht wegnehmbar und so konstruiert sein, daß die Zugänglichkeit der
Regulierventile nicht erschwert wird.

Garantie-Probeheizung.

Die von den Heizungsfirmen übernommene Garantieklausel lautet meistens: ,,Es wird garantiert, daß die vertraglichen Temperaturen in den geheizten Räumen ($+20^0$ C für
Wohnräume, $+10$ oder 12^0 in Korridoren und Nebenräumen)
unter der Voraussetzung kontinuierlichen Betriebes und gleichzeitiger Beheizung sämtlicher Räume bis zu einer Außentemperatur von -20^0 C (in Gegenden mit strengem Winter

bis — 25⁰ C) ohne Überanstrengung der Anlage erzielt und erhalten werden können."

Der Umstand, daß bei größter Kälte für Wohnräume ein
Temperaturunterschied von z. B. 40⁰ C erreicht werden kann,
führt vielfach zu der irrtümlichen Ansicht, daß die Erfüllung
dieser Garantie auch bei höherer Außentemperatur kontrolliert
werden könne. Es ist z. B. unzutreffend, daß bei 0⁰ Außentemperatur eine Innentemperatur von 40⁰ C in vorliegendem
Falle erzielt werden kann, weil die Wärmeabgabe der Heizkörper mit zunehmender Raumtemperatur wesentlich abnimmt.

Wenn die Wärmeverluste in der Hauptsache durch die
Außenwände bedingt sind, so daß also keine Verluste nach
kühleren Korridoren, Stiegenhäusern usw. erfolgen, dann lassen
sich folgende zusammengehörige Werte berechnen:

Außentemperatur   —20 —15 —10 — 5 ± 0 + 5 +10⁰C.
Innentemperatur   +20 +23 +26 +29 +32 +35 +38⁰C.

Werden nicht alle Räume gleichzeitig unter maximaler
Beanspruchung der eingebauten Heizflächen geheizt oder sind
Innenwände nennenswert an der Wärmetransmission beteiligt,
dann können die angegebenen Innentemperaturen nicht entfernt erreicht werden, um so weniger, je dünner die Scheide-
wände ausgeführt sind.

Es soll nur kurz erwähnt sein, daß es möglich ist, die
Probeheizung für einzelne Räume durchzuführen, auch bei
höheren Außentemperaturen, ohne das ganze Haus überheizen
zu müssen, wenn eine entsprechende Berechnung vorangeht.
Dies gilt speziell für Dampfheizungsanlagen.

Bei Warmwasserheizungsanlagen ist die ausreichende Bemessung der Heizfläche schon durch den normalen Heizbetrieb
erkennbar. Auch hier ist die vielverbreitete irrtümliche Ansicht zu bekämpfen, daß die Temperatur des Heizwassers mit
der Abnahme der Temperaturdifferenz zwischen innen und
außen gleichen Schritt halten müsse. Ist die Wasserheizung
so berechnet, daß bei 90⁰ C Heizwassertemperatur die richtige
Erwärmung des Hauses bei einer Temperatur von — 20⁰ C
im Freien gesichert ist, so ist bei 0⁰ Außentemperatur nicht

etwa mit 45° C zu heizen. Es lassen sich vielmehr auch hier
die zusammengehörigen Temperaturen berechnen:

Außentemperatur   —20 —15 —10 — 5 ± 0 + 5 +10
Heizwassertemperatur +90 83,7 76,9 69,6 62,0 53,8 44,3

Diese zusammengehörigen Werte sind ermittelt für eine
maximale Heizwassertemperatur von 90° im Vorlauf und 65°
im Rücklauf (unter der Annahme einer Raumtemperatur von
+ 20° C bei — 20° C im Freien). Für andere Verhältnisse treten
entsprechende Modifikationen ein.

Es ist wesentlich zur richtigen Beurteilung einer Heizanlage, die Probeheizung ausreichend lang fortzusetzen, bis
der Dauerzustand eingetreten ist. Bei kritischen Untersuchun-
gen sind mindestens 3 Tage in Aussicht zu nehmen, denn es
bedarf eines erheblichen Zeitaufwandes, bis lange unbeheizt
gebliebene Räume in den Mauermassen entsprechend durch-
wärmt sind. Zur Durchführung der Garantieheizung soll das
Haus möbliert und bewohnt sein. Während des inneren Aus-
baues und dem lebhaften Verkehr innerhalb des Hauses
können zuverlässige Resultate nicht erzielt werden. Meistens
ist auch in diesem Stadium das Mauerwerk im Innern noch
so feucht, daß eine wesentlich höhere Wärmetransmission als
späterhin stattfindet.

Die Raumtemperaturen werden 1,5 m über Boden, etwa
in der Mitte des Raumes, gemessen, die Temperaturen im
Freien auf der Nordseite.

Eine Garantie für den Brennstoffverbrauch kann von der
Heizungsfirma im allgemeinen nicht verlangt werden, da sie
auf den sachgemäßen Heizbetrieb, auf den Umfang der Fen-
sterlüftung und andere zufällige Verhältnisse keinen Einfluß
hat und daher auch keine Gewähr dafür übernehmen kann,
daß ein im voraus festgesetzter bestimmter Koksverbrauch
nicht überschritten wird. Der Ersteller der Heizanlage kann
nur dafür garantieren, daß das Brennmaterial in dem von
ihm gelieferten Kessel gut ausgenützt wird und die Verbren-
nungsgase nur mit einer etwa 100° C höheren Temperatur als
der Kesselinhalt abziehen. Der Brennmaterialverbrauch wird
bei guter Kesselanlage und entsprechender Bedienung durch-

schnittlich auf 8 kg Zechenkoks pro Jahr und m³ beheizten Raum geschätzt werden können; im ersten Jahre etwas höher. Es ist dabei zu beachten, daß der Kubikinhalt eines Hauses oder Raumes allein einen schlechten Maßstab für die Schätzung des Brennstoffbedarfes darstellt, da ein Wintergarten z. B. mit allseitigen Glaswänden bei gleichem Rauminhalt mehr Heizmaterial zur Beheizung braucht als ein gleich großer eingebauter Raum mit dicken Außenwänden und wenig Fensterflächen. Die oben angeführte Zahl stellt also nur einen Durchschnittswert für nicht abnormal kalte Winter dar. Ebenso entbehrt es einer sachlichen Unterlage, den Brennstoff pro Tag anzugeben, weil derselbe nach der Temperatur im Freien starken Schwankungen unterworfen ist.

Der Füllschacht der Heizkessel soll so groß dimensioniert sein, daß das Feuer bei geschlossenem Regulator von abends 10 Uhr bis 6 Uhr früh in Brand erhalten und nach dem Ausschlacken, ohne Verwendung von Holz, neu aufgefüllt werden kann. An normalen Wintertagen soll eine dreimalige Wartung der Kesselanlage innerhalb 24 Stunden genügen, während an sehr kalten Tagen eine weitere Füllung notwendig werden kann.

Anhang.

M. f. P.

Zwischen

....
(Genaue Bezeichnung des Auftraggebers: Firma oder Privatmann, Name, Wohnsitz)

und

....
(Genaue Bezeichnung des Auftragnehmers: Firma, Wohnsitz etc.)

wird am heutigen Tage folgender

Werkvertrag

rechtsverbindlich abgeschlossen.

1. Gegenstand und Umfang des Auftrags.

a) Der genannte Auftraggeber überträgt der ebenfalls genannten Firma und letztere übernimmt die betriebsfertige Lieferung und Herstellung einer...............................Anlage in dem Grundstücke .... zu ....

b) Die Ausführung hat nach Maßgabe der vereinbarten Entwurfs- und Einzelzeichnungen und Vorschriften sowie des Kostenanschlages und Erläuterungsberichtes vom .... und der nachstehenden Bedingungen zu der $\frac{\text{vorläufig}}{\text{fest}}$ auf .... Mark berechneten Gesamtsumme zu erfolgen.

c) Der Auftrag umfaßt die Gesamtlieferung frei..................... sowie die gesamte betriebsfertige Herstellung der Anlagen einschließlich der im Anschlage bezeichneten und aufgeführten Zubehörteile und Leistungen.

d) Sämtliche Erd-, Maurer-, Zimmerer-, Stemm-, Tischler-, Putz- und Malerarbeiten, die Herstellung der Kesselfundamente

und der Rauchfüchse, die Frostschutzumkleidung des Ausdeh-
nungsgefäßes, das Aufbringen und Befestigen der Saug- und
Schutzhauben und Lüftungsklappen sind durch den Besteller
auf seine Kosten zu leisten.

Die hierzu nötigen Angaben und Zeichnungen hat die ausführende Firma rechtzeitig kostenlos zu liefern und haftet für
etwaige Folgen, die aus Unterlassung dieser Obliegenheiten
entstehen, wogegen die Verantwortung für richtige Ausführung
der gemachten Angaben durch den Besteller übernommen
wird.

e) In den vereinbarten Preisen sind die etwaigen Entschädigungen für Patente und Musterschutz einbegriffen.

f) Die ausführende Firma hat für die gesetzlich vorge-
schriebenen Versicherungen ihrer Arbeiter aufzukommen.

Der Bau muß bei Beginn der Montage den Vorschriften
der zuständigen Berufsgenossenschaft entsprechen.

g) Für die von Behörden geforderten Anzeigen oder Ge-
nehmigungsanträge liefert die ausführende Firma die nötigen
Unterlagen gegen eine Entschädigung von . . . . Mark.

h) Der ausführenden Firma wird ausreichender, heller und
verschließbarer, möglichst heizbarer Raum für Lager- und
Arbeitsplatz kostenlos zur Verfügung gestellt. Der Besteller
übernimmt es, die ihm zufallenden baulichen Arbeiten rechtzeitig fertigzustellen, für rechtzeitigen Anschluß an Wasser-
leitung und Entwässerung zu sorgen sowie das Wasser zum
Füllen der Anlage und das Brennmaterial für das Probieren,
Einregulieren und Isolieren zu liefern.

i) Wegen der Mitbenutzung der Rüst- und Hebezeuge hat
eine Vereinbarung unter Vermittlung des Bestellers mit dem
betreffenden Bauunternehmer stattzufinden, falls dieser sie
nicht ohne weiteres gestatten sollte.

k) Tragung der Gefahr von Einflüssen elementarer Gewalt auf die auf der Baustelle lagernden oder mit dem Bau
bereits verbundenen Teile erfolgt durch den Besteller, ebenso
hat dieser für Bewachung der Baustelle außerhalb der Arbeitszeit zu sorgen.

2. Lieferzeit.

a) Die ausführende Firma verpflichtet sich, die Montage nach Beendigung des Innenputzes, und zwar ....Tage nach erhaltener schriftlicher Aufforderung, also voraussichtlich am .... zu beginnen und die Arbeiten so zu fördern, daß sie mit Ausnahme der Isolierungsarbeiten binnen .... Wochen, also voraussichtlich am ....beendet sind.

Die Isolierungsarbeiten sind vorzunehmen, nachdem die Prüfung der Heizanlage unter Wärme vollzogen ist.

b) Höhere Gewalt entbindet von der Einhaltung der Lieferfristen. Dasselbe gilt rücksichtlich zeitweiliger, ohne Verschulden der ausführenden Firma entstandener Arbeitsausstände, die ihrem Umfange nach geeignet sind, die rechtzeitige Durchführung der Lieferung und Herstellung zu hindern. In beiden Fällen sind alle Ansprüche aus verspäteter Lieferung und Herstellung ausgeschlossen.

Die ausführende Firma hat, sobald sich aus Behinderungen genannter Art eine notwendige Verzögerung ihrer Leistungen ergibt, die Anzeige hiervon innerhalb .... Tagen zu machen und haftet anderenfalls für den aus verzögerter oder unterlassener Anzeige entstehenden Schaden. Desgleichen ist die Beseitigung der Behinderung innerhalb .... Tagen bei Vermeidung der Schadenersatzpflicht dem Besteller anzuzeigen.

Wird infolge eines Ausstandes und der dadurch bedingten Verzögerung die rechtzeitige Fertigstellung des ganzen Baues in Frage gestellt, so kann, wenn zwischen den Mitteilungen über Beginn und Ende des Ausstandes mehr als .... Wochen liegen, der Besteller vom Vertrage zurücktreten oder die rückständigen Arbeiten und Lieferungen der Heizungsfirma beschaffen. Die etwa entstehenden Mehrkosten gehen in solchen Fällen zu Lasten des Bestellers.

3. Zahlung und Abrechnung.

a) Der für die betriebsfertige Anlage vereinbarte Preis wird wie folgt bezahlt:

I. 25% der Vertragssumme bei Bestellung,

II. 25% nach Anlieferung der hauptsächlichsten Materialien und Beginn der Montage,

III. 40% bei der probeweisen Inbetriebsetzung,

IV. der Rest 6 Wochen nach Einreichung der Schlußrechnung.

b) Die Zahlung zu III ist auch dann fällig, wenn die Anlage zur probeweisen Inbetriebsetzung fertiggestellt ist, aber letztere wegen des Bauzustandes des Gebäudes, wegen Frostes oder mangels des vom Besteller zu beschaffenden Wasseranschlusses nicht stattfinden kann, oder der Besteller trotz rechtzeitiger Benachrichtigung unterläßt, der probeweisen Inbetriebsetzung beizuwohnen oder sich dabei vertreten zu lassen.

c) Falls die Zahlungen nicht rechtzeitig geleistet werden, darf die ausführende Firma vom Vertrage zurücktreten oder bis zur Zahlung der geschuldeten Rate die Durchführung der Lieferung einstellen, unter Vorbehalt einer etwaigen Schadenersatzforderung.

d) Die Abrechnung erfolgt

nach Aufmaß unter Zugrundelegung der Einzelpreise des Anschlages,

zu einer festen Summe ohne Aufmaß.

e) Das Aufmessen geschieht im Beisein des Bestellers oder dessen Beauftragten innerhalb ...... Tagen nach Antrag der ausführenden Firma. Beteiligt sich der Besteller oder dessen Beauftragter an dem Aufmaß nicht, so erkennt er damit das Aufmaß der Firma als richtig an. Bogenförmig verlegte Leitungen werden am äußeren Bogen gemessen, Formstücke werden nur eingemessen, wenn sie nicht nach Stück und Preis im Anschlage besonders eingestellt sind, eine Zulage für Rohrverschnitt wird nicht eingerechnet.

f) Mehrleistungen infolge Änderungen des Entwurfes werden voll vergütet, Mehrleistungen bei Verrechnung nach Aufmaß, die zur Erreichung der vereinbarten Wirkung der Anlage notwendig sind, nur bis zu 3% Überschreitung der Schlußsumme des Kostenanschlages.

4*

g) Alle Änderungen und deren Kosten sind vor der Ausführung zu vereinbaren.

h) Bei etwaigen Meinungsverschiedenheiten in der Abrechnung sollen die hiervon unberührten Beträge dem Ersteller nicht vorenthalten werden.

i) Etwaige Stempelkosten dieses Vertrages werden von beiden Parteien je zur Hälfte getragen.

4. Gewährleistung und Haftung.

a) Die ausführende Firma hat für Erfüllung der unter 1 b ausbedungenen Leistungen aufzukommen.

b) Die Firma verpflichtet sich, während der Montage bzw. bei der probeweisen Inbetriebsetzung eine von dem Besteller bezeichnete Person in der Bedienung der Anlage zu unterweisen und eine Bedienungsvorschrift zu liefern.

c) Der Nachweis der Erfüllung der vorstehenden Bedingungen ist durch den regelmäßigen Betrieb während der ersten Heizperiode nach erfolgter Übergabe zu erbringen. Im Zweifelsfalle entscheidet eine Probeheizung unter Leitung der ausführenden Firma innerhalb der Gewährfrist.

d) Vom Tage der probeweisen Inbetriebsetzung an leistet die ausführende Firma bis ....   in der Weise Gewähr für die Güte, Heizwirkung und Dauerhaftigkeit ihrer Arbeiten und die Dichtheit der einzelnen Teile, daß sie auf ihre Kosten zur Beseitigung aller Mängel verpflichtet ist, die sich während dieser Zeit infolge fehlerhafter Berechnung, mangelhafter Bauart und Ausführung oder fehlerhaften Materials oder ungenügend erteilter Bedienungsvorschriften ergeben. Weitere Ansprüche oder Entschädigungsforderungen des Bestellers aus etwaigen Mängeln der Anlage oder aus den Folgen solcher Mängel sind ausgeschlossen, insbesondere ist die bei ordnungsmäßigem Betriebe eintretende naturgemäße Abnutzung der Roststäbe des Kesselmauerwerkes und der Stopfbuchsenpackungen von dieser Haftung ausgeschlossen.

e) Falls die ausführende Firma innerhalb der Gewährfrist trotz rechtzeitig ergangener Aufforderung sich nicht von dem Vorhandensein etwa gerügter Mängel überzeugt und binnen

..... Tagen nicht für deren Beseitigung sorgt, so steht dem Besteller das Recht zu, die erforderlichen Arbeiten durch einen Dritten auf Kosten der Firma ausführen zu lassen.

f) Alle Ansprüche des Bestellers gegen den Ersteller aus diesem Vertrage und aus der Gewährleistung verjähren mit Ablauf der Gewährfrist.

5. Übernahme.

a) Nach Beendigung der Montage ist im Beisein des Bestellers oder eines von ihm bezeichneten Vertreters die Anlage

bei Niederdruck-Warmwasserheizung auf einen Druck, der den am tiefsten Punkt vorhandenen Druck um 2 kg/cm² übersteigt,

bei Mitteldruck-Warmwasserheizung auf 5 kg/cm²,

bei Heißwasserheizung auf 150 kg/cm²

in kaltem Zustande auf ihre Dichtheit zu prüfen.

Bei Niederdruckdampfheizungen werden die Kessel auf 2 kg/cm² kalt gedrückt und die Anlage selbst durch Überkochen geprüft.

Dampfheizungen, die mit Druckminderung arbeiten und kein offenes Standrohr besitzen, sind mit Dampf unter Kesseldruck zu prüfen.

b) Nach Dichtbefund der Anlage findet eine probeweise Inbetriebsetzung statt, gleichgültig bei welcher Außentemperatur. Sie dient zur Feststellung des ordnungsmäßigen Arbeitens der Anlage, nicht aber zum Nachweise der bedungenen Heizwirkung.

Ergeben sich hierbei keine Mängel, so hat der Besteller die weitere Pflege der Anlage zu übernehmen. Bei Eingang der unter 3a III festgesetzten Abschlagszahlung geht die Anlage in das Eigentum des Bestellers über.

6. Probeheizung.

a) Falls Zweifel über die ausbedungene Heizwirkung entstehen, kann innerhalb der Gewährfrist von seiten des Bestellers eine Probeheizung unter Leitung der Firma, d. h. eine probeweise Heizung der Räume bei einer möglichst niedrigen Außentemperatur auf die gewährleistete Temperatur verlangt werden.

b) Bei dieser Probeheizung müssen sämtliche Türen und Fenster verschließbar eingesetzt, letztere mit der endgültigen Verglasung versehen, auch das Mauerwerk soweit ausgetrocknet sein, daß die Räume nach den ortsüblichen Vorschriften in Benutzung genommen werden dürfen.

c) Befindet sich die Anlage zur Zeit der Probeheizung nicht in regelmäßigem, täglichem Betriebe, so steht der liefernden Firma das Recht zu, an drei Tagen unmittelbar vor der Probe ordnungsmäßige Heizung der Räume zu verlangen oder gegen Berechnung zu bewirken.

d) Bei der Probeheizung sind die Thermometer in der Regel mitten im Raum und etwa 1,5 m über Fußboden aufzuhängen.

e) Die Kosten für das zur Probeheizung gebrauchte Brennmaterial, welches das für den regelmäßigen Betrieb bestimmte sein soll, trägt der Besteller.

7. Änderungen des Werkes.

a) Weicht die Bauausführung von den Entwurfsunterlagen ab, so werden diese Änderungen der ausführenden Firma ungesäumt mitgeteilt. Dies gilt beispielsweise auch für den Fall, daß an Stelle von Doppelfenstern einfache Fenster, Spiegelscheiben oder Bleiverglasungen treten, oder daß nachträglich Rolläden angeordnet werden.

b) Werden durch solche Abweichungen Kostenänderungen veranlaßt, so hat diese die ausführende Firma ungesäumt schriftlich dem Besteller oder dessen Beauftragten anzugeben. Hierfür gelten im allgemeinen die Einheitspreise des Kostenanschlages, sofern nicht durch die besonderen Umstände eine Preisänderung gerechtfertigt ist.

c) Sind sauber und richtig montierte Teile der Anlage auf Verlangen des Bauleitenden vorübergehend zu entfernen oder abzuändern, so wird der Firma außer dem Mehrverbrauche an Material vergütet:

für 1 Monteurstunde, einschließlich Werkzeug usw. ....M.

,, 1 Gehilfenstunde, einschließlich Werkzeug usw. ....M.

d) Die Tagelohnzettel sind wöchentlich dem Besteller oder seinem Beauftragten zur Anerkennung vorzulegen.

8. Allgemeines.

a) Ohne Genehmigung des Bestellers darf die ausführende Firma die vertragsmäßigen Verpflichtungen nicht auf andere übertragen, unbeschadet ihres Rechts, sich unter eigener Verantwortlichkeit für Teilleistungen fremder Hilfe zu bedienen.

b) Verfällt eine der den Vertrag schließenden Parteien oder deren Rechtsnachfolger in Konkurs, so steht der Gegenpartei das Recht zu, ohne Kündigung und unter Vorbehalt einer etwaigen Schadenersatzforderung vom Vertrage zurückzutreten.

c) Bei Meinungsverschiedenheiten über den Inhalt oder die Ausführung des Vertrages steht es jedem der Vertragschließenden frei, den ordentlichen Rechtsweg zu beschreiten. Wenn die betreibende Partei anstatt dessen die Einsetzung eines Schiedsgerichtes wünscht, so hat sie den anderen Vertragschließenden vor Beschreitung des ordentlichen Rechtsweges von der beabsichtigten Berufung eines Schiedsgerichts in Kenntnis zu setzen und ihn unter Benennung des von ihr erwählten Schiedsrichters aufzufordern, binnen einer Frist von einer Woche ein Gleiches zu tun oder aber der Bestellung eines Schiedsgerichtes zu widersprechen. Wenn die andere Vertragspartei innerhalb dieser Frist einen Schiedsrichter benannt und die betreibende Partei die Anzeige darüber erhalten hat, so unterwerfen sich damit beide Parteien rücksichtlich aller zwischen ihnen zurzeit schwebenden Streitigkeiten unter Ausschluß des Rechtsweges endgültig der Entscheidung des Schiedsgerichtes.

d) Die beiderseits ernannten Schiedsrichter haben nach Annahme des Amtes einen Obmann zu bestellen. Können sich die Schiedsrichter über die Ernennung eines Obmannes nicht einigen, so erfolgt die Ernennung durch ....

....

e) Der Schiedsspruch hat unter den Parteien die Wirkung eines rechtskräftigen gerichtlichen Urteils. Hinsichtlich der Ernennung und Abberufung der Schiedsrichter sowie hinsichtlich des gesamten schiedsgerichtlichen Verfahrens kommen im übrigen die §§ 1025 bis 1048 der deutschen Zivilprozeßordnung zur Anwendung.

9. Vertragsausfertigung.

Dieser Vertrag ist in zwei gleichlautenden Exemplaren ausgefertigt, von den beiden Vertragschließenden zum Zeichen der Anerkennung unterschrieben und jeder Partei in je einem Exemplar ausgehändigt worden.

BUDERUS-LOLLAR
HEIZKESSEL UND
RADIATOREN

für Warmwasser- u.
Niederdruckdampfheizungen

BUDERUS'SCHE
EISENWERKE
WETZLAR

Unsere
schönen, zweckmäßigen
Modelle

Radiatoren · u. Kessel-
Verkaufsvereinigung
G. m. b. H.

BOCHUM, Maarbrückerstraße 7

Fernsprecher: Sammel-Nr. 69 441
Drahtanschrift: Radikessel

1*

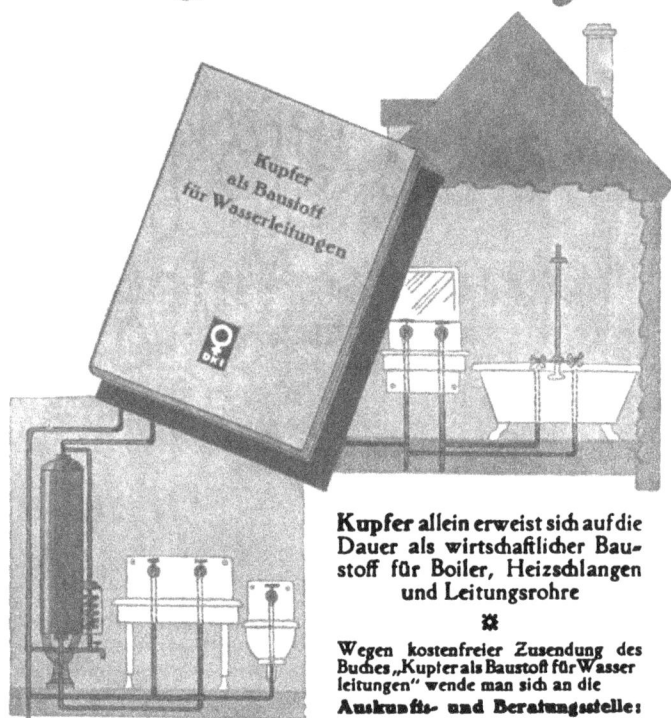

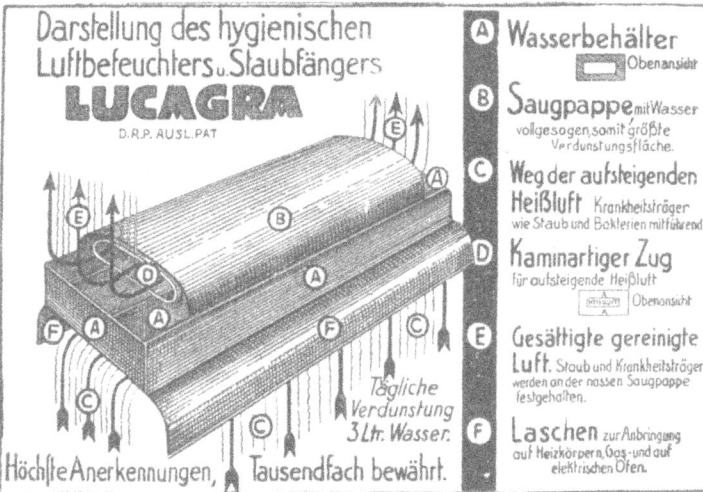

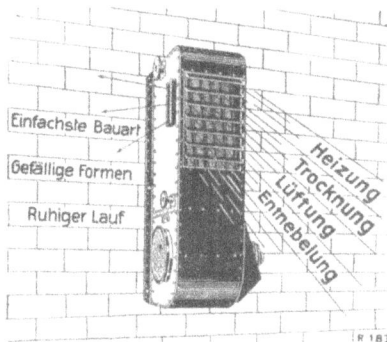

RECKNAGEL, GEORG UND GÖRING, ALBERT

DIPLOM-INGENIEURE

LÜFTUNG UND HEIZUNG

2., umgearbeitete und ergänzte Auflage.
Mit 111 Abbildungen. VIII u. 209 Seiten
mit Namenverzeichnis. Groß·Oktav. 1927.
(S. Hirzel, Leipzig C 1.) Brosch. RM 14.—,
Ganzleinen RM 16.—

Eine Darstellung der gesamten Lüftungs- und Heizungstechnik unter besonderer Würdigung aller hygienischen Gesichtspunkte. Im Gegensatz zu der reichlich vorhandenen Literatur für Fachleute, die auch hier manch neue praktische Anregungen finden verschafft das vorliegende Buch auf dem Gebiet der Technik den vielen sonstigen Interessenten einen vollkommenen Überblick und damit eine kritische Urteilsfähigkeit.

Leistungsfähige Zentralheizungsfirmen:

Aachen

Altona

Bad Kreuznach

Bad-Nauheim

Berlin

Berlin-Charlottenburg

Berlin-Wilmersdorf

Bochum

Braunschweig

Ernst W. Hansen, Ingenieur
Am Wendenwehr 1. Warmwasser-Sparheizungen 20%.
Brennstoffersparnis garantiert.

Breslau

P. & J. Brendel, Zentralheizungsbau, Breslau 21
Gräbschenerstraße 120.
Zweigstellen: Gleiwitz O/S., Waldenburg, Glogau und Neusalz a. Oder.

Minsapost & Prauser
Werderstraße 14/16 F: 25954, Ps: Breslau 1260
Bau von Warmwasser- und Dampfheizungs-Anlagen, Luftheizungen,
Fernheizwerken, gesundheitstechnischen Anlagen,
Warmwasserbereitungen.

Cottbus

CARL KAEMPF
Ströbitzerstraße 88/90 ∗ Fernsprecher 403
Heizungen, Sanit. Anlagen, Kanalisationen, Bauklempnerei

Darmstadt

JAKOB NOHL
Martinstraße 24   Wilhelminenstraße 10
Zentralheizungen · Lüftungen · Sanit. Anlagen
Volksbäder · Pumpenanlagen

Dresden

Willy Hofrichter · Ingenieur

Fabrik für heiztechnische Anlagen aller Systeme sowie Wasserinstallation
Dresden-A, Uhlandstraße 40, Telephon 42933

Düsseldorf

Franz Halbig, G.m.b.H.

Fernruf 5 15841 **Düsseldorf 53** Talstraße 106

Zentralheizungen · Lüftung · Sanitäre Anlagen
Fernheizungen · Badeanstalten

Essen

A. Schirp **Essen 25**

Luftfilterbau

Spezialität: Drehbare Luftfilter für Luftheizungen,
Lüftungs- und Trockenanlagen etc.
Vertretungen an allen größeren Plätzen
Telephon: 25681 Telegramme: Reinluft Essen

Frankfurt a. M.

F. H. Sallwey
Heizung-Lüftung

Godesberg

Hans Berg
Sanitäre Anlagen ⁄ Zentralheizungen

Görlitz

Halberstadt

Hamburg

Hannover

Hannover-Linden

Harburg-Wilhelmsburg I.

Hohenlimburg

Ingolstadt (Obb.)

Kempten

Königsberg Pr.

Lörrach

Magdeburg

Mannheim

Reichenbach i. V.

Rosenheim (Obb.)

Rummelsburg i. P.

Stuttgart

Zwickau i. Sa.

GESUNDHEITSTECHNIK IM HAUSBAU
von Prof. RICHARD SCHACHNER

445 S., 206 Abb., 1 Tafel, zahlr. Tab., Gr.-8°. 1926. Brosch. M. 20.-, Lein. M. 22.-.
Inhalt: Lüftung / Heizung / Einrichtung von Gas / Einrichtung von Elektrizität / Warmwasserbereitung / Wasserversorgung / Entwässerung Müllbeseitigung / Schutz der Gebäude gegen Feuchtigkeit / Wärmeschutz der Gebäude / Schutz gegen Schall.

„Der Verfasser ist Architekt und hat sich die Aufgabe gestellt, dem Architekten alles Wissenswerte auf dem Gebiete der Gesundheitstechnik in einer wissenschaftlichen, aber nicht zu eingehenden und für ihn verständlichen Form darzustellen. Soweit Sonderabhandlungen fachwissenschaftlicher Vereinigungen vorlagen, sind diese teilweise benützt worden, so daß das Buch inhaltlich auch da vor Unrichtigkeiten bewahrt bleibt, wo es über die fachlichen Kenntnisse des Architekten hinausgeht. Die Darstellung ist in jeder Hinsicht vollkommen und mit klaren Abbildungen versehen.   (Zeitschrift des VDI)

HEIZUNG UND LÜFTUNG
Warmwasserversorgung, Beleuchtung und Entnebelung.
Leitfaden für Architekten und Bauherren von Ingenieur M. HOTTINGER

300 S., 210 Abb., 64 Zahlentaf., 8°. 1926. Brosch. M. 14.50, Leinen M. 16.50.
Inhalt: I. Einteilung, Anordnung und Eignung der verschiedenen Heizsysteme. II. Heizkessel. III. Brennstoffe. IV. Kamine. V. Heizkörper. VI. Rohrleitungen. VII. Die Berechnung des Wärmedurchganges durch die Umfassungsmauern der Räume. VIII. Beispiel für die Berechnung des Wärmebedarfs W eines Raumes bei Beharrungszustand. IX. Wärmesparende Bauweisen. X. Bestimmung des angenäherten stündlichen Wärmebedarfes für ganze Gebäude, d e dauernd benützt werden. XI. Bestimmung der Größe der Kessel- und Brennmaterialräume. XII. Verbindung von Warmwasserversorgungsanlagen mit den Zentralheizungen. XIII. Lüftungsanlagen XIV. Beleuchtungs- und Entnebelungsanlagen. XV. Ausschreibung und Begutachtung, Vergebung und Abnahme von Heizungs- und Lüftungsanlagen. XVI. Besondere Bedingungen für die Aufstellung von Zentralheizungen. XVII. Literaturverzeichnis.

„Das Werk, dessen umfassende und tiefschürfende Behandlung des Gebietes dem Fachmann ein Nachschlagewerk und gleichzeitig Anregung bietet, ist für Laien in gleicher Weise interessant und belehrend. Für den Ingenieur ist es ebenso unentbehrlich wie für den Bauunternehmer. Der Architekt wird bei jeder Gelegenheit auf das Buch zurückgreifen können."
                    (Die Bauwarte)

HEIMTECHNIK
von Dr.-Ing. LUDWIG SCHULTHEISS

156 Seiten, 127 Abbildungen, 23 Zahlentafeln. Gr.-8°. 1929. Brosch. M. 8.50
Inhalt: Wissenschaftliche Betriebsführung im Haushalt. Raumanordnung, Stellung der Möbel und der sonstigen Einrichtungen. Die technischen Einrichtungen der Küche (Wärmeerzeugung für Kochzwecke, Heißwassererzeugung, Kochgeschirrfragen, die Maschine in der Küche, Küchenmöbel, Kühleinrichtungen) Die technischen Einrichtungen zur Reinigung der Wäsche (Die Wasch- und Trockeneinrichtungen, Einrichtungen zum Bügeln der Wäsche). Die sonstigen technischen Einrichtungen des Haushaltes (Die Raumheizung, Die elektrische Beleuchtung, Die Haushaltmaschine). Literaturverzeichnis.

„Das Buch der kritischen Betrachtung aller Maschinen, Apparate und Hilfsmittel der Heimtechnik. Die Anleitung zur Prüfung der Wirtschaftlichkeit und Zweckmäßigkeit technischer Neuerungen im Haushalt. Hier spricht ein Techniker zu technischen Fachleuten und technisch Interessierten, indem er die Zusammenhänge aufdeckt, die zwischen Hausbau, Konstruktion des technischen Hausgeräts und wirtschaftlicher Ausnutzungsmöglichkeit bestehen.

R. OLDENBOURG / MÜNCHEN 32 UND BERLIN